■ 中国城市雕塑系列丛书　蔺宝钢　主编

基于人文关怀的
城市公共艺术场所精神

GENIUS LOCI OF URBAN PUBLIC ART PLACE BASED ON
HUMANISTIC CARE

刘福龙　蔺宝钢　著

中国建筑工业出版社

图书在版编目（CIP）数据

基于人文关怀的城市公共艺术场所精神 = GENIUS LOCI OF URBAN PUBLIC ART PLACE BASED ON HUMANISTIC CARE / 刘福龙, 蔺宝钢著 . —北京 : 中国建筑工业出版社，2021.12（2023.11重印）
（中国城市雕塑系列丛书 / 蔺宝钢主编）
ISBN 978-7-112-26929-7

Ⅰ. ①基⋯　Ⅱ. ①刘⋯　②蔺⋯　Ⅲ. ①城市空间 – 公共空间 – 建筑艺术　Ⅳ. ①TU242

中国版本图书馆 CIP 数据核字（2021）第 249602 号

责任编辑：张幼平　费海玲　王延兵
责任校对：党　蕾

中国城市雕塑系列丛书　蔺宝钢　主编
基于人文关怀的城市公共艺术场所精神
GENIUS LOCI OF URBAN PUBLIC ART PLACE BASED ON HUMANISTIC CARE
刘福龙　蔺宝钢　著

*

中国建筑工业出版社出版、发行（北京海淀三里河路9号）
各地新华书店、建筑书店经销
逸品书装设计制版
建工社（河北）印刷有限公司印刷

*

开本：787 毫米×1092 毫米　1/16　印张：15　字数：273 千字
2022 年 7 月第一版　　2023 年11月第二次印刷
定价：68.00 元
ISBN 978-7-112-26929-7
（38585）

FOREWORD

As a professor and practicing professional artist for the last forty years, I have lectured and placed sculptures around the world. Twelve years ago, I was invited by *Sculpture* magazine to be the chief foreign professor to teach the first course on abstract art in Beijing. Fulong Liu was a student in my class and, as with most of my students, he was already teaching at a university, which allowed for an in-depth higher-level course on abstract art. We have kept in touch and since then he has not only developed what he has learned, both as an artist and a teacher, but also received his PhD in public art. He is an intelligent artist, with the ability to see the whole picture with a curious mind, asking relevant questions in both the artworld and academia. So, it doesn't surprise me that he and professor Lin have written *Genius loci of urban public art place*; the changing role of public art in the 21st century and how current urbanization is raising serious questions about its effects on our lifestyles. The discourse on art, science, humanity and technology are issues which need to be addressed with urgency, given our rapid progress dictated by technology. This book raises pertinent ethical questions central to our modern cultural dilemma, which will have a great impact on the future. They address the importance of how human emotional sensibilities should work in harmony with logical pragmatic materialism. They point out that public art is an ideal vehicle, as its role has changed from the traditional single individual endeavor appealing to the small traditional group frequenting galleries and museums, to a much greater world audience. Public art is now a collaboration with the public and specialists on all levels, addressing topics such as environmental concerns.

We are living in a world of globalization, speed and innovative technology forcing us to rethink beyond the traditional methods of problem solving, which in some cases are even obsolete. Social topics have become mainstream in contemporary art and design such as climate change, cultural identity, technology and humanity. The lack of the human spirit and feel of humanity in space, brought about partly from the residue of modernism and minimalist thought, has led us to a sterile environment. The book points out that we need to learn how to ask questions in this current new climate regarding public art, and go beyond the 20th century idea of subjective taste. It suggests that because of the changing role of public art, it now encompasses areas to include Biophilic and Genius loci concepts in designs. In some ways, the catalyst leading us into the 21st century is not unlike that of the 20th century. The innovations of technology, communications and industry of the 1900's influenced education, design reform, which in turn affected the socioeconomic climate for many decades to follow. Paris was the center of the art world and the birthplace of abstract art, which had a great impact on every aspect of daily life, which continues today.

Today our technology is far more advanced and sophisticated, generating new exciting issues presenting us with a whole new and different perspective and responsibility. Artificial Intelligence has presented us with the idea that anything and everything is possible. The speed of communications, via the internet and social platforms, has given everyone the opportunity of an instantaneous voice. We are at a point where we need to consider a harmonious lifestyle balancing the human spirit, nature and our advanced technology going beyond pragmatic materialism, which this book suggests.

The language invented through abstract art gave artists and designers poetic license, freedom and liberties to express and reflect the human condition. Abstraction is based on that foundation of critical inquiry/thinking, curiosity and imagination, which has always had an impact on society and has influenced the environment in many different ways. *Genius loci of urban public art place* builds on the positive aspects of 20th century ideology of abstraction but with the very different perspective of 21st century technology and concerns of humanity.

Billy Lee
- Professor Emeritus at University of North Carolina, Kennedy Scholar, MA-RCA, Fellow M.I.T., Fellow of British Royal Society of Sculptors.

序

在过去的四十年里,作为一名高校教授和职业艺术家,我在世界各地进行教学并建成作品。12年前,我应《雕塑》杂志之邀,在北京担任高级抽象艺术课程的首位外籍首席教授。当时大部分的学员已经是高校教师,当然也包括刘福龙博士。这样的背景也让我可以开设一门关于抽象艺术的高级课程。从那以后,我们一直保持联系,他不仅发展了他作为艺术家和教师所学到的东西,还获得了博士学位。他是一位天资聪慧的艺术家,能够以一种好奇心去填充整个世界,并在艺术界和学术界抛砖引玉。所以,他与蔺宝钢教授联袂撰写了这本《基于人文关怀的城市公共艺术场所精神》,正是我们当今艺术界炙手可热的主题。本书随着21世纪公共艺术的角色变化,以及当前的城市化进程对我们生活方式的影响提出了诸多严肃的问题。其关于艺术、科学、人性和技术的论述无疑是当下社会的核心问题。我们生活节奏的加快是由技术的进步所带来的,书中提出了人文关怀困境的相关伦理问题,以及将对未来可能产生的重大影响。作者强调了人类情感与逻辑实用主义唯物主义和谐相处的重要性。书中指出:公共艺术是一种理想的载体,因为它的角色已经从传统的个人宣扬引发的画廊和博物馆的小传统群体,转变为更为庞大的普世群体。公共艺术现在已经上升到与公众和各级专家的合作,解决实际的人文关怀问题。

我们生活在一个全球化、速度和创新技术的世界,这迫使我们重新思考,超越传统的解决问题的方法,不断创新。社会话题已经成为当代艺术和设计创作理念的主流,比如气候变化、文化认同、技术和人性。除开有些时候极简主义思想的刻意而为,在生活空间中如果缺乏人文精神和人文情感,会导致我们进入一个贫瘠的环境。书中指出,我们需要学习如何在当前公共艺术的新环境下提出问题,并超越20世纪的主观品位与观念,由于公共艺术的角色不断变化,它现在涵盖了众多领域,包括设计中的场所精神概念。20世纪科技、通信和工业的创新已经影响了教育和设计改革,而这反过来又影响了未来几十年的社会经济环境。巴黎曾是艺术世界的中心，也是抽象艺术的发源地，抽象艺术对日常生活的方方面面都产生了巨大影响，这种影响一直延续到今天。

时至今日，随着科学技术的日新月异，我们也将面对更多层出不穷的问题。科学技术在也为我们提供全新的视野的同时，我们也应当承担相应的责任。人工智能向我们展示了一种一切皆有可能的理念。通过互联网和社交平台的通信速度让每个人都有机会在瞬间发声。如本书所述，我们需要在此之上，重新考虑一种和谐的生活方式，它将平衡人类精神、自然环境以及科学技术，超越实用主义的唯物主义。

通过公共艺术创造的抽象思维语言赋予艺术家和设计师表达和反映人类状况的诗意与自由。公共艺术是建立在批判性的调研、思考、好奇心和想象力的基础上的，它总是对社会产生影响，并以许多不同的方式影响着我们的生活环境。《基于人文关怀的城市公共艺术场所精神》有利于在20世纪的抽象意识形态的基础上，指出对21世纪技术和人类活动所产生的相关影响。

美国北卡罗来纳州立大学终身教授

肯尼迪学者

美国麻省理工大学视觉研究中心研究员

英国皇家雕塑协会会员

比利·李（Billy Lee）

秦志昇（译）

前　言

随着当今全球一体化和中国城市化进程的加速,国内城市景观建设的数量和规模超过了以往任何时期,同时普遍出现了"雷同化"现象,人文关怀缺失严重,尤其是文化认同危机开始在城市景观中蔓延,这一问题引发了社会和业内学者的广泛关注,因此积极探求解决文化认同危机的策略,从根本上解决城市人文关怀缺失问题成为当今城市景观学科和艺术学科重点研究内容之一。

本课题的研究主要缘起于对习近平总书记提出的"五个认同"理论中的"文化认同"思想的深刻思考,同时还源于三种现实的感发:一是家乡的城市景观改造和建设;二是主流媒体对当今城市景观建设的呼吁和引导;三是笔者在专业研究和实践过程中,深感城市人文关怀提升价值重大。

1.国家"文化认同"战略的提出

2015年8月24日至25日,中央第六次西藏工作会议在北京召开,习近平总书记发表重要讲话,确立"五个认同"作为民族团结的基础。伟大的祖国由56个民族共同组成,民族的团结是国家的最高生命线,文化认同则是团结之本,人文关怀的丧失会引发民族精神涣散的危机。习近平总书记从国家发展战略出发,高瞻远瞩,强调:"加强中华民族大团结,长远和根本的是增强文化认同,建设各民族共有的精神家园,积极培育中华民族共同体意识,文化认同主要表现在对中华传统文化认同和对各民族文化认同两个方面。"[①] 在党的十九大报告中,习近平总书记把文化比作"国家精神的灵魂",进一步强调文化自信对民族复兴的重要性。

文化认同作为文化自信的源泉和根基,是人民在长期的共同生活中对有意义的文化事物所形成的认同,文化自信产生于文化认同的过程中,同时又会形成更高的

---

① 习近平.在中央第六次西藏工作会议上的重要讲话[R].

文化认同。城市景观作为文化自信的载体和公众文化认同形成的重要场所，应全面贯彻习近平总书记的"文化认同"精神，坚持以民族文化的继承和发扬为己任，逐步塑造和提升城市景观环境中的人文关怀，以文化的繁荣和民族的伟大复兴为最高目标。

2.家乡的城市景观改造和建设项目

20世纪80年代以来，中国城市化飞速发展，并取得了世人瞩目的成就。"按照美国地理学家诺姆瑟（R. M. Northam）对城市化的划分，中国的城市化水平已达到'快速发展阶段'，而且这种现象会持续很长一段时间。1980年中国城市化水平为19%，到1995年已接近30%，而到2010年已高达近50%左右，政府预期这一数字将会在2020年达到60%左右。"① 城市化让中国的城市风貌发生了翻天覆地的变化，城市景观的数量和规模也在大幅提高和扩大（图0.1）。

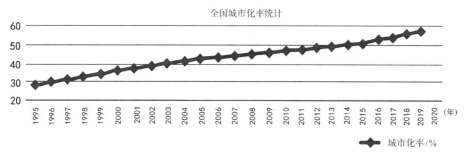

图0.1　全国城市化率统计

图片来源：据中华人民共和国国家统计局数据自绘

2016年7月的一天，由于城市建设和发展的需要，笔者的家乡被列为"省级旅游度假区"，这让笔者对城市化进程的影响有了更加切身的感触。据说随着项目的开展，家乡的环境变得更加"国际范"了，然而回到家乡的那一刻，笔者已经认不出"家"的样子，就像一个孩子认不出自己的父母。笔者试图从新改造和建设的"国际范十足"的城市环境中找到曾经的儿时生活的蛛丝马迹，但这一切已经荡然无存，新出现的各类城市景观均被所谓的时尚和潮流所包装——仿古建筑、名贵树种、木质休息亭、花岗石铺装以及各种肌理的建筑外立面等，这些造型和符号元素似乎在诠释着什么是省级旅游度假区，但对于久居外地、不常回家的人来说，内心深处原有的认同感却被新环境带来的迷失感所取代（图0.2、图0.3）。

---

① OECD.中国城市化水平发展报告 [EB].中文互联网数据研究资讯中心，2016-03-23.

毋庸置疑，在城市化进程的影响下，我国城市的发展速度不断加快，极大提升了人们的物质生活环境。笔者对家乡乃至全国的城市化进程影响下的城市景观大规模的建设和改造并无抵触，但是上述现象给了笔者极大的触动，深感城市景观环境的内在精神属性与特定的地域文脉以及人们的生存方式关系密切，不以此为基础进行的城市景观建设可能会造成场所精神的缺失，最后导致人文关怀的缺失。

3.主流媒体对当今城市景观建设的关注和呼吁

2010年5月3日，中国新闻网发布了一则会议报道："中国的城市景观时代来临，人文关怀缺失成为突出问题。"中国房地产研究会人居环境委员会主任张元端指出，城市景观人文关怀缺失主要原因是当今城市景观中地域文脉的失落和断层以及对人们感知行为的忽视而引发的环境认同危机所造成的。依据马斯洛的心理需求理论，物质文明达到一定的标准，人们便开始转向对精神文化的诉求。从西方发达国家的城市发展经验来看，高度发达的经济水平已基本满足了人们的物质需求，认同感便成为城市景观建设的重点。同时也指出，中国城市景观中的认同危机还表现在简单粗暴的照搬和模仿成了设计的潮流，原有城市文脉与肌理受到严重破坏，地域文化的多样性和特色正在逐渐衰微甚至消失，公众无法在"千篇一律"和缺乏情感的城市景观环境中找到归属，人们对城市的认同感也渐渐淡化。[1]该观点相继被新

① 阮煜琳.中国城市景观时代来临 缺乏人文关怀成突出问题[EB].中国新闻网，2010-05-03.

图0.2　笔者家乡老照片

图0.3　笔者家乡新貌

华网、景观中国、网易新闻、搜狐新闻、凤凰网、新浪网等数十家中国媒体转发，并引发了社会的广泛关注。

2018年4月4日《中国环境报》又刊登文章《城市公园不能缺少人文关怀》，提出："现实中的城市公园，缺少了一些关怀感，只热衷于大面积的种树种草……"[①] 人文关怀的缺失引发了众多媒体的持续关注。时至今日，城市景观的认同危机依然普遍存在，因此我们需要密切关注和重视主流媒体的呼吁，从社会责任感和专业使命感出发，积极探索城市景观认同危机的解决之策。

4.笔者的专业研究和实践

笔者在近年来的研究和实践中发现两种情况：一是城市景观中的特色在消退，二是城市景观中的认同危机普遍存在。

虽然当今城市景观的建设数量和规模不断提升，广场、公园、街道等成为许多城市提升其环境质量的重要内容，但是中国要在几十年内完成发达国家几个世纪的城市化过程，我国的城市结构、空间形态、生态环境、历史文化的传承和保护等方面必然面临更为复杂的任务。城市需要发展，人民生活需要提升，城市景观环境需要改善，但是在城市化急速发展中，单纯追求数量和规模、忽视"质"的提升、认同感缺失的城市景观比比皆是，"单调乏味""毫无特色""缺乏归属感"等成为城市景观评价的惯用语。如何在当下的城市景观建设中进行特色场所精神表征成为当今城市景观的重要历史使命。

"经过中国城市化的高速发展，1980年我国的城镇人口占到了全国人口比重的19.39%，2002年底，城镇人口已高达5亿，占全国总人口比重的39.09%，预计到2020年全国城镇人口占总人口比重将超过50%，会将高达7亿以上（图0.4）。如果按照我国城市规定定额指标规定，城市公共绿地人均达7m²来计算的话，就需要增

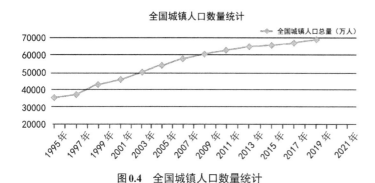

图0.4　全国城镇人口数量统计

图片来源：据中华人民共和国国家统计局数据自绘

---

① 刘瀚斌.城市公园不能缺少人文关怀[N].中国环境报，2018-04-04.

加公共绿地14亿m²。"[1] 这组数据反映中国未来还要建设大量的城市景观，城市的空间结构和社会生活方式将发生巨大的改变。而在这些变化中，往往是追求数量和规模的快速发展，而忽略变化中的情感寄托。

城市人文缺失归根结底就是城市景观场所精神缺失造成的。面对这一问题，笔者在实际的教学和科研中进行了深入的思考和探索：利用什么手段或方式才能够更好地在城市景观中继承延续场地肌理与地域文化特色，满足人们的感知行为需求，进而对城市景观场所精神进行表征，有效解决当今城市人文关怀缺失的问题？笔者受东西方造园历史的启示，结合西方发达国家和我国当今优秀城市景观建设的成功实践经验，在随导师进行二十余项重大纵横向课题研究的过程中，逐步形成了自己的认识，那就是公共艺术的有效介入。公共艺术作为一种在城市景观中以实体和空间存在的艺术形式，是对场地内各种景观因素和感知主体因素的协调和整合，承载着场地内人们的生存方式以及对场地特殊情感的记忆。面对当今城市景观复杂的场地问题，公共艺术可以多元化的形式和语言来传承地域文化且彰显时代特色，最大限度地融合场地肌理和感知主体需求，实现对城市景观场所精神的高度表征。

本书将引入源于建筑学领域的场所精神理论，提出运用公共艺术手段介入城市景观定向感和认同感，通过重塑和强化地方文化认同，有效解决当今城市人文关怀缺失问题，并通过实践案例分析与归纳，构建系统的协同介入策略，进而经过实际项目的应用研究和POE评价研究，形成"支撑理论引入—实践案例分析—理论策略构建—实际项目应用"的整体化研究思路。

---

[1]　刘家麟.中国风景园林的现状和发展前景[J].广东园林，2005，28（2）：4.

目　录

1

绪 论

1.1 研究的背景

1.1.1 时代背景下城市景观的趋同与存异

在当今全球一体化及高速城市化进程中，国与国、城市与城市之间的交流越来越频繁和广泛，整个社会日益多元化和开放化，人们获取信息以及交流的方式也发生了巨大的变化，公众的各种感知活动也在这一时代背景下呈现出严重的趋同化倾向。从当今城市景观的建设来看，照抄和照搬国际式模式及国内已有范式的现象严重，大量建成环境与地域文脉及感知主体需求没有必然的联系，雷同化、白板化现象严重，地域文化和民族特色在这种趋势下受到了严重的破坏，变得越来越脆弱甚至是消亡，曾经寄托着人们无限情感的场所也被这股浪潮无情地吞噬。从全球化和城市化的概念中可以发现，其原本都具有丰富的外延和内涵，既强调多元，也注重本土。时代背景下的趋同和存异是并列的，因此在当今的城市景观建设中应处理好二者的辩证关系。在全球化和城市化背景下，利用先进的信息获取手段和技术，借鉴国内外成熟的理论和经验，从地域文化和民族精神的传承与发扬角度出发，采用有效的手段对场所精神进行表征成为当今城市人文关怀建设与发展的新命题。

1.1.2 时代的注意力转向公共艺术

"无论从城市规划、城市景观、建筑，或是艺术的角度来看，时代正逐渐将注意力转向公共艺术。"中央美术学院王中教授在其专著《公共艺术概论》中引用了威尼斯双年展金狮奖评委、日本著名艺术评论家南条史生的这句话。"公共艺术是城市景观建设的重要组成部分之一，它可以将城市的历史和未来连接起来，唤起和增强城市的记忆，讲述城市自己的故事，传承城市文化传统，彰显城市的独特风貌；

它的'公共性'属性体现出更多对公众需求的关注，体现'以人为本'，实现公众的共创与共享。"①

当代语境下的公共艺术已从原来的"象牙塔"走入公众生活，更加强调与城市景观及其性能转换、感知主体需求、地域文化彰显以及多样性生态维护的紧密结合。上海大学美术学院院长汪大伟教授在SEA-HI论坛中阐述："认同感是公共艺术存在于城市景观中的核心价值所在，提升的影响力有多大是公共艺术的一项重要评价指标。"②孙振华先生指出："美国的'百分比艺术'政策极大地提升了城市的认同感。"③公共艺术的全面介入为解决当今城市景观"认同感"缺失提供了整体性的支持。介入"公共"的"艺术"对城市景观场所精神的表征，为人文关怀提升带来全新的视野和思路。

图1.1 公共艺术介入城市景观场所精神表征的意义

就公共艺术介入城市景观的态度与方式而言，越是加强与所在场所的地域特色文化的结合，越重视对公众的关注和关怀，就越能激发公众的积极性，并有效提升其满意度。因此，公共艺术在介入城市景观场所精神表征中要注重因地适宜、因时制宜、因人而异的强化与公众的交流及多元文化的融合，对地域性文化和生态资源适应性的切入，追求场域中精神营造和审美价值的统一，以及强调公众的生理、心理及精神体验过程的重要性，其对城市景观场所精神表征的意义主要体现在四个方面，具体如图1.1。

1.1.3 国外公共艺术介入城市景观的缘起与发展

工业化时代使全世界以"经济"建设为核心，"高速公路、高架桥、工业化、GDP……"这一切都在增长，然而背后却是屡屡爆发的生态危机、社会危机和文化危机。于是人们开始反思什么样的城市景观环境才是真正适合人类生存和活动的环境，才能让人产生认同感，"后现代主义"运动兴起，"人文关怀"应运而生。

美国当代著名后现代主义评论家胡伊森把后现代主义定义为"现代主义与大众

① 王中.城市公共艺术概论[M].北京：北京大学出版社，2004.

② 汪大伟.地方重塑：公共艺术的价值[R].上海：上海市城市规划设计研究院，2014.

③ 孙振华.公共艺术[M].南京：江苏美术出版社，2003.

文化的集合体"① （图1.2）。王中先生指出："公共艺术作为一种文化现象，在诞生之初就带着浓厚的后现代主义文化气质。"② 当代历史语境下，具有后现代主义色彩的公共艺术真正意义上介入城市景观始于20世纪30年代美国公共艺术"百分比计划"。

图1.2　后现代主义的内涵

（1）欧美发达国家的"艺术为人民服务"

公共艺术（Public Art）在西方发达国家更多是指强调全社会的福利和公益价值并由国家权力机构所推行的一项文化法令，这种文化法令最早始于对建筑装饰类的管理和控制，随着城市美化运动的开展以及城市文化、公众精神日益受到重视，其内涵和范围不断演变和发展。

纵观欧洲建筑史，雕塑和建筑密不可分。在德国魏玛共和时期（1918～1933年），政府部门在国家宪法中增加了"保护和培植艺术"法令，并鼓励艺术家们加入城市公共空间中的建筑设计。德国汉堡市"建筑艺术"的执行也具有悠久的历史，在第二次世界大战后，政府于1952年推行"建筑物艺术"政策，明确规定至少要将1%的公共建筑经费用于艺术作品的设置。受益于城市建筑、规划和户外艺术，汉堡市形成了独特的城市风貌，满足了公众的感知需求。

1860年，巴塞罗那推行《塞尔达规划案》，对城市进行重新规划，以解决原来城市景观稀少的问题，初现现代棋盘式格局，但是城市景观环境的认同感不足。以1888年第一次万国博览会的举办为契机，巴塞罗那于1880年通过了《裴塞拉案》，提出所有的城市景观和公共建筑代表国家的形象，要让公众欢喜和自豪。在政策的指导下，城市开始注重与地方形象和公众认同感相关的项目建设，其中最主要的就是在城市景观环境中设置艺术品。该法案让巴塞罗那的城市景观及户外雕塑创作进入高峰。

美国首都华盛顿也以1900年的建城百年纪念活动为契机提出了城市改造规划，由此发起的"美化城市运动"旨在建立公众的归属感和自豪感，开始向欧洲学习，把艺术植入城市景观和建筑，体现对公众的尊重和重视。1959年，费城成为美国第一个通过"百分比艺术"政策的城市，规定1%的建设费划拨给艺术品的设置，由此开启了费城城市景观中的公共艺术建设高潮，充分体现了人性关怀价值

① 安德烈亚斯·胡伊森.大分野之后：现代主义、大众文化、后现代主义[M].南京：南京大学出版社，2010.
② 王中.城市公共艺术概论[M].北京：北京大学出版社，2004.

观。1964年，继费城之后，巴尔的摩也出台了地区性的"百分比艺术"政策，政策的推动者多纳德·契费（William Donal Schaefer）指出："人是城市的生命力，我们不能承受没有艺术，……是雕塑、绘画、喷泉等的艺术形式让城市充满了活力。"1967年旧金山也颁布了"百分比艺术"政策，鼓励艺术家、设计师、官方及公众的协作与共创，建设完成大量独具地域文化特色和充满人性色彩的公共艺术作品。1967年夏威夷、1974年华盛顿等很多州也相继出台了"百分比艺术"政策。但是缺乏设计的艺术创作方式很大程度上造成了艺术的僵化，使得公共艺术基金使用率变低，"百分比艺术"政策也在后来相对被终止。美国《联邦建筑物的指导方针》报告指出："设计并非是可有可无的，设计的水平低下是公共艺术基金使用效率变低的根本原因。"20世纪60年代，美国出现了多位具有国际影响力的公共艺术家，诸如亚历山大·考尔德（Alexander Calder）、野口勇、亚历山大·利伯曼（Alexander Liberman）等，他们的作品有效中和了现代建筑的冷酷和压抑，广受公众好评和赞许。1973年，美国联邦总务署作为联邦政府优质商品和服务的核心采购部门重新启动"百分比艺术"政策，制定了科学的艺术家选择程序，作出了艺术品设置和风格等设计要素方面的规定，并最终把公共艺术家的遴选权和对艺术质量的监督权交给了国家艺术基金委（NEA），"百分比艺术"政策由此进入更加规范的时代。"美国NEA支持的艺术基金从1965年刚成立时的240万美元，到1989年已经达到1.69亿美元，基金支出比1965年增长了70倍，同时1998年至1999年国家预算又比1997年增长了4倍。"[1]（图1.3）"百分比艺术"政策的推行为公众创造了更多的社会文化福利，城市形象也得以不断提升。"艺术为人民服务"成为美国公共艺术建设的显

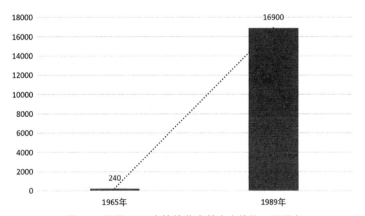

图1.3 美国NEA支持的艺术基金（单位：万元）

图片来源：根据美国艺术基金会提供的数据自绘

---

① 王中.城市公共艺术概论[M].北京：北京大学出版社，2004.

著特征并推动了世界范围内城市景观和公共艺术的发展。其中值得一提的是20世纪70年代的西雅图，作为地景艺术的重要实验地，有效拓宽了公共艺术的语言范围，公共艺术开始尝试对空间进行表达，艺术家提出公共艺术不仅"介入"空间，更成为"空间"，是空间公众行为和文化事件的孵化器，这对公共艺术的发展起到了重要的推动作用。截至目前，根据NEA提供的数据，美国的东部和西部沿海地区的主要城市基本都实行了"百分比艺术"政策，并对内地形成了良好的辐射，极大推动了国家城市人文关怀的建设和发展。

同时期的德国艺术体现出"艺术民主化""社会雕塑"等特色，其中德国的公共艺术机制最早于1973年发起于不来梅市，开始正式将"建筑物艺术"定义为"公共艺术"，提出了公共艺术的社会凝聚力和批判力，此后德国的其他城市相继效仿，也涌现出一大批优秀的公共艺术家和作品。尤其是随着德国著名艺术家博伊斯（Joseph Beuys）"扩张艺术"概念的提出，公共艺术更为直接地进入了公众的日常生活。1995年由克里斯托与珍妮·克劳德所实施的"被包裹柏林议会大厦"项目，真正揭示了公共艺术对公众的艺术感召力以及在政治、社会、经济、文化等诸多社会领域中的巨大影响力。

到了20世纪80年代，在西方发达国家，公共艺术和城市景观之间的关系更加密切，公共艺术不再是城市的"附属"，体现出更多的城市认同价值。像弗兰克·盖瑞、菲利浦·斯塔克和矶崎新等建筑大师以及其他一些建筑师、艺术家、设计师、雕塑家等在欧美创作了许多大型的远超实际使用意义的建筑和景观作品，创造出独特的城市形象和品格并逐步走进公众的视野。

（2）澳大利亚的"艺术体现公众意识"

澳大利亚的一份国家财政报告写道："文化政策是一项经济政策，可以创造丰厚的财富，我们的文化产业每年可以创造高达130亿澳元的收益，文化本身的意义就在于传播。"这里的文化政策指的就是澳大利亚于1994年所颁布的"创新国家"政策。1973年，澳大利亚联邦政府正式出台"公共艺术计划"，在财政上对国家的公共艺术项目进行大力支持，通过"打破博物馆的围墙"，让更多公众有机会接触高品质的艺术作品，广大公众也因此受益。在16年之后，该计划被"社区环境艺术设计计划"（CEAD）所代替，反映出公众对社会环境关注的呼吁，公共艺术不仅仅是雕塑设置，而应包括整个环境和事件。这一计划到2001年，政府所资助的公共艺术景观项目扩展到整个澳大利亚，有效扩大了公共艺术在公共领域的影响力。其中梦想花园项目（Garden of Australian Dreams）是影响力最大的项目：富有特色的建筑、景观、设施、草地、水体等在空间中交互呈现，营造出没有阶级差别的花园——澳大利亚的人间天堂，形成了强烈的视觉冲击力，彰显了独特的文化，真正表达了公众的意识，隐喻了多元文化的共存，通过认同场所的营造，传达了场所认同的价值理念（图1.4）。

图1.4　澳大利亚的梦想花园项目

（3）韩国的"艺术振兴国家文化"

韩国的公共艺术自20世纪70年代开始受到重视。1972年9月，韩国颁布了《文化艺术振兴法实施令》，提出面积大于或等于3000m²的公共项目必须划拨出1%的经费留给美术装饰，对建筑和环境进行美化。1993年韩国总统提出"艺术创造国家文化"的文化艺术发展政策。2011年5月，韩国又重新修订了《文化艺术振兴法实施令》，条款中把"美术"彻底改为"艺术作品"，要求建筑总面积达1万m²以上的项目，把建筑费用中的一定比例（1%以内）用于艺术作品的设置。首尔的公共艺术在这样的大环境下不断发展，至今首尔市的优秀公共艺术作品已达上万件，如《笔》《泉》《天际线——山水》《电车与迟到的学生》《装天空的碗》等，通过漫长岁月的积淀，现在展现在公众面前的首尔是一个充满独特精神气质和人文关怀的城市。

1.1.4　国内公共艺术介入城市景观建设的机遇和困境

目前，国家和地区的政策导向以及我国城市化从规模化发展走向质量化提升的转型给城市景观建设带来了新机遇，"人文关怀"的缺失问题已经引起了学术界的广泛关注。国内在城市景观建设领域对公共艺术的重视程度越来越高，公共艺术的需求也急剧膨胀，建设之"风"可以说是席卷全国。

从概念层面讲，我国学术界普遍认为，"公共艺术"的称谓在20世纪90年代以后才开始在中国使用（一般把1979年首都机场壁画的诞生视为我国公共艺术的开端标志）。在我国快速城市化的过程中，大量公共艺术作品出现在城市景观环境中，但是整体上我国公共艺术发展还处于较低水平，主要表现在形式（以城市雕塑居多）与功能（以美化环境为主）单一、无法充分发挥在城市景观场所精神表征中的价值等。党的十八大从文化战略角度提出了文化自信，这为公共艺术的建设和发展带来了新机遇。

（1）建设的新机遇

习近平总书记提出了实现中华民族伟大复兴的中国梦。"为深入贯彻党的十八大精神，《关于实施中华优秀传统文化继承发展工程的意见》（中共中央办公厅、国务院办公厅印发）于2017颁布实施，其中明确提出：注重文化融入公众生活，深入挖掘城市历史文化价值，提炼一批凸显文化特色的经典性元素和标志符号，纳入城镇化建设、城市规划设计，合理应用于城市雕塑、广场园林等公共空间，避免千篇一律、千城一面。"[1] 在党的十九大上，习近平总书记从国家文化建设的层面指出要坚定文化自信，推动社会主义文化繁荣兴盛。没有高度的文化自信，没有文化的繁荣兴盛，就没有中华民族伟大复兴。要坚持中国特色社会主义文化发展道路，激发全民族文化创新创造活力，建设社会主义文化强国……中国共产党作为中国先进文化的积极引领者和践行者、作为中华优秀传统文化的忠实传承者和弘扬者，将以更加自信的姿态，坚定地走中国道路，坚持"和而不同、兼收并蓄"的理念，坚持与不同文明之间进行对话，让世界人民感受中华文化的魅力。[2] 在国家文化战略中，公共艺术作为文化的代言和实践手段，具有广阔的建设空间。

2017年11月30日，浙江省第十二届人大常委会第四十五次会议通过并颁布实施了《浙江省城市风貌条例》，条例明确提出建筑面积1万 m^2 以上的公共项目，包括公共建筑、广场、公园等，建设工程造价20亿元以内的，公共艺术配置资金额不低于本项目建设工程造价的1%，这是全国首部关于公共艺术的立法。相关国家章程、意见及地方条例的相继出台，为公共艺术的建设提供了新机遇。

（2）发展的困境

"由于近代公共艺术的理论和实践研究均处于起步阶段，大多以城市雕塑为主的形式介入城市景观中，在介入过程中出现了许多负面的文字，'历史的遗憾、建设的大跃进、规划性破坏、文脉断裂、审美缺失、雕塑公害、城市装修情节……'"[3]

---

[1] 中共中央办公厅，国务院办公厅.关于实施中华优秀传统文化继承发展工程的意见[EB].新华社，2017-01-25.

[2] 习近平.党的十九大政府报告[R].北京：人民出版社，2016.

[3] 王中.城市公共艺术概论[M].北京：北京大学出版社，2004.

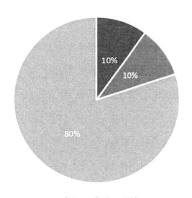

图1.5　国内已建成城市雕塑优劣

图1.6　城市景观、人、公共艺术
关系模型图

"根据中国城市雕塑委员会统计，在全国已建成的城市雕塑中，良好的占10%，劣质的占10%，平庸的占80%，除去10%不堪入目的劣质雕塑，80%的平庸雕塑大都流于内容和形式的肤浅（图1.5），这组数字应该引起我们的足够重视。"[①]同时也有大量的公共艺术打着"地域性"的口号而成为"面子工程""政绩工程"，或是单纯为了评奖和争取经费，已建成的部分公共艺术不但没能在城市景观场所精神表征层面发挥作用，反而成为城市中的视觉垃圾。中央美术学院的王中教授指出："批量化生产的城市雕塑在中国占据着很大市场，已严重威胁和侵蚀着城市的地域文脉。""精英和视觉专断意识正在束缚着公共艺术的发展。"中央美术学院殷双喜教授认为，中国的公共艺术太少关注公众，公共艺术的艺术特性决定了必须向"平民化"倾斜，与普通大众的平等参与相结合。两位专家指出了当今我国公共艺术介入城市景观中存在的地域文化缺失和人文关怀淡漠问题。"公共艺术与环境的协调不仅仅是视觉上的协调，同时还表现为公共艺术与生活在这个环境中的公众在文化精神上的协调一致"[②]，因此应从"使用者（公众）"的角度出发，探求城市景观中使用者对于"认同"的需求，注重"城市景观、公共艺术、人"三者关系的协调（图1.6），系统建构起基于城市景观场所精神表征的公共艺术协同介入策略，保证公共艺术的介入质量，营造宜居而富人文关怀的城市景观，这也正是研究的出发点和归宿。

1.2 国内外研究综述

1.2.1 国外研究综述

国际上对于场所精神的研究最早始于现象学。"现象学一词源于希腊文，是哲学领域的重要研究内容，指的是研究事物的外观表象、表面迹象或是现象的学

① 蔺宝钢.中国城市雕塑的评价体系研究[D].西安建筑科技大学，2012.

② 孙振华.公共艺术[M].南京：江苏美术出版社，2003.

科"①，最具有代表性的是胡塞尔的现象学、海德格尔的存在主义现象学和梅洛·庞蒂的知觉现象学（图1.7）。

现象学	存在主义现象学	知觉现象学
（德）埃德蒙得·胡塞尔	（德）马丁·海德格尔	（法）梅洛·庞蒂
创立了现象学，强调摆脱事物一切已知的先决条件及各类假设，认为人们对于事物本质的认识是建立在对事物的直接观察和正确描述上的	拓展了胡塞尔的现象学，认为对于事物的理解不仅仅依靠人的意志，更注重出现在人们面前的事物原本的面貌。同时还最早对场所营造理念进行了阐述，提出"人在具体的地点、事物和时间构成的环境中才能够获得存在与世界的本真意义"，这对于建筑现象的研究起到了重要的启示	从人的知觉入手，强调人的身体通过在空间和环境中的运动获得知觉和体验

图1.7　现象学领域代表性的哲学家及哲学理论

　　挪威著名建筑理论学家诺伯舒兹（Christian Norber-Schoulz）对于场所精神的理论研究最为深入和系统，他主要继承海德格尔的存在主义现象学，其《场所精神——迈向建筑的现象学》一书对场所的现象、结构、分类及场所精神理论等进行了系统而全面的论述，并选取布拉格、罗马等城市的设计为案例进行阐述，建立起现代意义上的建筑和景观营造的场所精神理论，以人对场所的空间和特性感知为视角，不断探讨人在环境中的定向感和认同感，强调具有归属性场所精神的塑造。

　　20世纪60年代，凯文·林奇的意象和形态理论对当今城市景观的场所精神研究

① 李畅，杜春兰.明清巴渝"八景"的现象解读 [J].中国园林，2014，42（5）：95.

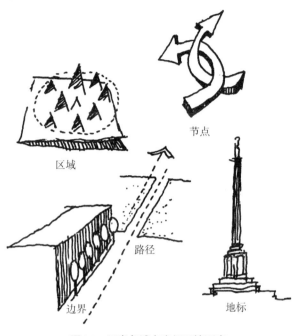

区域　节点　路径　边界　地标

图1.8　可意象城市空间环境要素

图片来源：凯文·林奇.城市意象[M].北京：华夏出版社，2001.

也产生了重要的影响，同时为公共艺术介入城市景观场所精神表征提供了重要的依据和支撑。在《城市意象》中，林奇以观察主体视角，对城市意象的形成进行了系统分析和阐述，提出场所是观察主体和感知对象共同作用的产物，并积极主张通过唤起对过去的社会秩序的记忆来建立城市意象体系，并且归纳出意象城市空间环境的五大要素：路径、边界、节点、地标、区域。[①]这五大要素也成为后来城市景观研究的主要术语（图1.8）。凯文·林奇通过分析城市的空间形态特征及构成、城市的品质与文化、公众的心理与行为，对不同城市区域的场所感进行差异性研究——这种差异性正是公众对于城市地域环境的生长记忆，通过城市意象构建具有归属感的城市空间，同时也肯定了城市雕塑在意象性构建中的价值和意义。

随后，又有许多专家和学者从城市建筑、城市景观的场所营造等角度肯定了公共艺术介入的价值和意义。建筑大师罗伯特·文丘里在其专著《建筑的复杂性与矛盾性》中提到通过对传统元素的表现可以使现代建筑更具意义；简·雅各布斯在《美国大城市的死与生》中阐述了传统街区在现代都市中的意义，并提及公共艺术介入街区的价值所在；柯林·罗在《拼贴城市》中强调了时间维度在城市建设中的重要性，主张通过建筑、景观、雕塑等形成和谐的城市文脉环境，回归城市原有的意义；丹麦的扬·盖尔、拉尔斯·吉姆松在《新城市空间》中，从具有认同感的人性场所角度，对后现代主义的城市景观进行系统分析，论述了1975—2000年间城市景观空间与公共生活的发展特征，并从全世界选取9座城市与9种空间类型进行策略分析，从全世界选取36个典型的城市景观进行案例分析，探寻城市景观新的思路和方法。美国著名雕塑家威廉·塔克在其所著的《雕塑语言》中对公共艺术大师

----

① 凯文·林奇.城市意象[M].北京：华夏出版社，2001.

作品的创作理念进行了对比研究。美国著名理论家罗莎琳·克劳斯在《现代雕塑的变迁》一书中系统梳理了特定历史背景下公共艺术的流变。澳大利亚的著名理论学家露丝·法热珂蕾撰文分析了澳大利亚的公共艺术发展历程，提出公共艺术的特殊性，指出它是在遵循相关法令的前提下，由政府和基金会赞助，艺术家参与创作，在城市景观中设置的多种类型的公共艺术作品，并且肯定了公共艺术在参与社会和城市问题解决中的价值和意义。

1.2.2 国内研究综述

国内对于场所精神理论的研究主要集中在建筑学领域，其中具有代表性的论著是沈克宁教授的《建筑现象学概述》和《建筑现象学初议》、刘先觉教授的《现代建筑理论》。施植明先生对诺伯舒茨著作的翻译介绍也引起了国内建筑学领域对场所理论的关注。

对于城市景观的场所精神营造手法，国内学者也进行了相关研究。吴良镛先生认为："场所精神……赋予人和场所以生命，决定他的特性和本质，但这是西方的理论，对照中国建筑说，可能称之为'场所意境'，强调'意境'更切合中国的文化传统和美学精神。"[①] 吴良镛先生基于中国古典园林中的意境表达对西方的场所精神理论进行了中国化的阐述，强调古人的理想诉求和精神寄托在场所营造中的价值和意义。金学智先生的《中国园林美学》和曹林娣先生的《中国园林艺术》等论著从意境和精神层面对中国古典园林营造进行了相关研究，为当今城市景观场所精神理论的建构提供了重要支撑。王向荣教授和朱育帆教授也从风景园林文化的表达和传承角度进行了相关研究，前者从文化的概念出发，进而从自然认知层面进行了深入探讨，提出了风景园林设计中的文化表达方式；后者则创新性地提出了"三置论"。他们的相关理论研究为当今城市景观设计中的文化传承问题提供了有益参考。

鉴于中国城市景观缺乏认同感的突出问题，业内开展了相关的理论研究工作，众多学者在学习和借鉴西方发达国家解决认同危机方式的同时，纷纷把注意力转向了公共艺术的相关理论研究。利用中国知网数据库，以城市景观、认同、归属、人文关怀、场所精神和公共艺术为关键词，以文献标题和内容为检索项，对2001—2017年间的文献进行相关度精确检索，检索数据结果统计如图1.9。

---

① 吴良镛.关于中国古建筑理论研究的几个问题[J].建筑学报，1999（4）：39.

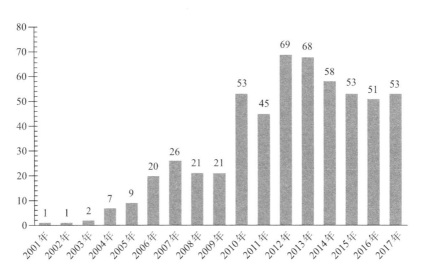

图1.9　2001—2017年间的文献相关度
精确检索柱状分析图（单位：篇）

　　从柱状分析图可以看出，2010年之后数量显著提升，反映出学术界对于公共艺术介入城市景观环境给予了广泛的关注，但是这些文章主要是从关系探讨、价值意义或是案例分析角度进行研究，未能就城市景观环境认同感和归属感营造进行系统而有效的策略或评价研究。

　　专著方面：王向荣等所编著的《西方现代景观设计理论与实践》阐述了在特定的社会背景下西方现代景观产生和发展的历史，研究范围十分广泛，其中涉及建筑、雕塑、水体、壁画、植物等多种景观设计元素；从地域上看，包括欧洲和美洲两个大陆；从时间上看，跨越19、20世纪，直到21世纪初；全书将不同地域、不同国家以及不同设计师有机地统一在一起，构成西方现代景观设计思路的时空脉络，成为当今西方现代景观设计研究的重要文献。江南大学杨茂川教授在其专著《人文关怀视野下的城市公共空间设计》中以关注人的精神寄托、心理愉悦为视角将城市公共空间划分为归属性、情节性、交互性和休闲性四个维度，并提出了相应的提升策略，虽然部分内容提及了公共艺术的介入，但是缺乏专门性和针对性的研究。王中先生在其著作《公共艺术概论》中对于公共艺术的概念性问题做了全面的梳理；王洪义先生在其著作《公共艺术概论》中则着重对公共艺术的历史演变和社会功能做了全面解读，提出当代艺术应该从"精英权力的公共性"中走出来，更加强调"公众权力的公共性"，真正为公众服务。翁剑青先生在其著作《公共艺术的观念与取向》中从哈贝马斯的公共领域理论出发，重点阐述了公共艺术的"公共性"社会属性；皮道坚先生在其著作《公共艺术：概念转换、功能开发与资源利用》中，也是重点针对公共艺术的"公共性"问题从当今社会发展背景层面展开系统阐述，提出公共性是公共艺术的灵魂和根本属性，肯定了公共艺术的引导价值可以有效推动国家的民主化进程。朱军先生在其所著《公共艺术与城市景观建设》中对公共艺术与城市景观二者的关系进行了深入剖析，指出公共艺术在当今城市景观建设中发挥着重要的功能。孙振华先生在其所著《公共艺术时代》中提出公共艺术贯穿人类文明发展史的始终，公共艺术关注的不仅是空间的审美问题，更加关注社会的公共精神问题。马钦忠先生在《雕塑空间公共艺术》一书中提出当今的公共艺术要善于经营城市的生态人文空间，从生态到人文，通过视觉确认性来放大城市空间的存在价值；而在其所著的《公共艺术基本理论》一书中，则通过详细的案例和逻辑分析，探讨公共艺术的社会作用机制和方式。蔺宝钢所著《城市雕塑艺术的成型与制作》提出了城市雕塑是科学性、艺术性、文化性的统一，着重对城市雕塑的创作流程和施工工艺进行阐述，并通过所完成的实践项目进行非常系统的阐述；所著《城市雕塑设计方法论》是业内迄今为止唯一一部关于城市雕塑设计策略的研究专著，但是该策略是从宏观的角度提出的，虽与本书的选题有一定的关联度，但是缺少场所精神的针对性。

1.3 基本概念与理论

1.3.1 景观与城市景观

1）景观的概念

不同国家因自然、文化、政治、经济等的不同，对"景观"的理解各有不同。"在西方国家普遍认同汤姆·特纳（Tom Turner）的说法，他指出景观'landscape'一词由盎格鲁人、撒克逊人和朱特人带到了英格兰。最初，'景观是指留下人类文明足迹的地区'，16世纪在英语中才将荷兰语中的'landscape'引入。在荷兰语中'landscape'作为一个专有名词是指'描绘内陆自然风光的绘画，区别于海景和肖像绘画'。"[①]但在其引入英国之后，含义产生了变化，即由乡村风景画转变成乡野风光、山丘远景和大型花园。"landscape"在现代英语中依据属性的不同被分为两种："一指的是自然景观，二指的是人文景观。肯尼斯·卡瑞克（Kenneth Craik）还以属性（自然属性与人文属性）和尺度为标准对景观进行了模式划分

---

① 邓文河.河内城市敏感区保护与恢复研究[D].南京：南京林业大学，2007.

（Environmental Display）。"①（表1.1）从开阔的自然景区到单体树木，从宏观的城市区域到单体雕塑，将多属性和多尺度的景观进行清晰的划分，为后续的专题研究提供了依据。

肯尼斯·卡瑞克（Kenneth Craik）多属性和多尺度的景观划分　　　　表1.1

属性＼尺度	大尺度	中尺度	小尺度
自然景观	宏观的自然风光	某一片森林	单棵树木
人文景观	宏观的城市	某个公园、广场或街区	单体建筑或雕塑

　　"《辞海》在1979年第一次收录了'景观'这一个名词，作为一般概念泛指地表自然景色；而作为特定区域概念时专指自然地理区域；作为类型概念时指的是相互隔离的区段，如荒漠景观、草原景观等。"②景观是作为地理学名称首次出现的。在20年之后出版的《辞海》中对于"景观"的解释，"包括'景'和'观'两个层面的含义。'景'作为客体，是人类认识和感知的客观对象；'观'作为主体行为，是人们对于客观对象的评价和态度。"③"景观"是主观评价与客观对象的双重叠加。东孝光先生也认为："'景'是在空间的扩展中，事物的相互关联存在；'观'是'引起各种心理感应的眼和心的作用'。"④他进一步强调客观景物对象相互联系的紧密性和主观感受在实践感知过程中的重要性（表1.2）。

不同专业领域对"景观"概念的不同诠释　　　　表1.2

地理学领域	社会学领域	历史学领域
"景观是由经过人类实践和认知作用所产生的地理领土片断；生态学领域认为景观是多个生态系统之间相互作用、相互联系的整体。"⑤	景观反映出特定的人类社会实践的形式和方式	景观是人类对于历史的物质记忆

　　朱建宁教授站在风景园林学角度对"景观"进行了全面阐述："①景观是领土与社会交汇的产物，是铭刻在时间与空间中的美好记忆，是人类活动的标记；②

---

① Sadier B，Carlson，A（edt）. Environmental Aesthetics[J]. Western Geographical Series.1982，24（6）：39.
② 邓文河.河内城市敏感区保护与恢复研究[D].南京：南京林业大学，2007.
③ 夏征农.辞海[M].上海：上海辞书出版社，2001.
④ 东孝光，佟雪艳.都市景观的整治[J].城市规划，2000，23（10）：59.
⑤ 杨鑫.地域性景观设计理论研究[D].北京：北京林业大学，2009.

景观是各种作用者在空间中的发展过程，是个人的或集体的设想实现后的视觉形象；③景观并非从过去继承而来，也不在时间中停止，完全服务于当代利益的社会建设范畴；④景观是建立在每个作用者主观感知基础上的个性眼光；⑤景观是历史或当代的、卓越或平凡的集体财富；⑥景观是地貌、气候、水文、地理、植物等自然元素的总汇；⑦景观是交织成生产力、建筑、管网、基础设施体系的人类行为空间载体；⑧景观是建立在维持人与环境相互关系基础上的领土特征；⑨景观是领土上各个作用者的日常生活环境整体；⑩景观是确保其辐射力和吸引力的地区形象。"①

由于不同学科研究视角以及时代的不同，对"景观"概念的阐述呈现出明显的差异性。本书将站在风景园林学科中对于"景观"的概念诠释角度进行相关内容的研究。"风景园林学科中的'景观'概念是以自然要素存在为研究基础，以基于自然要素之上人类实践和感知为研究内容，以构建人与自然环境的和谐相处为研究目的，造就了特有的景观环境，营造了人们的地域感和归属感。"②对于"景"的理解普遍兼容自然和人文两个层面，而"观"的解释分狭义和广义两个层面。在狭义层面"观"是人们通过视觉的实践感知过程，在广义层面"观"则不局限在视觉领域，也包括其他的感知方式，如听觉、嗅觉、触觉等，甚至由感觉层面上升到精神层面，如在景观中对地域性文化的感知与升华。

本书遵循风景园林学对"景观"概念的描述，引入建筑现象学中的场所精神理论，综合自然和人文两方面的因素，以客观存在的景物对象和以人的实践感知为主要途径，进行系统的研究和阐述（图1.10）。

2）城市景观的概念

"城市景观"（Urban Landscape）是风景园林学科的主要研究内容之一。广义上认为"城市景观"是指景观功能在人类聚集的特定的城市

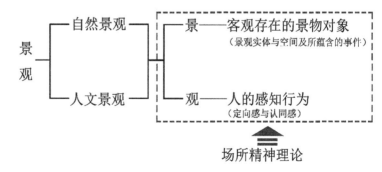

图1.10 "景观"的概念描述

① 朱建宁.基于场地特征的景观设计[C]//第五届现代景观规划与营建学术论坛会议论文集（2）.北京：中国建筑工业出版社，2016：36-37.
② 杨鑫.地域性景观设计理论研究[D].北京：北京林业大学，2009.

环境中固有和创造的自然和人文之美，它使人们在城市生活中具有舒适性、愉悦感、认同感和归属感，但因其涉及范围和内容非常宽泛，不同研究角度对于城市景观的概念诠释不同（表1.3）。

不同研究角度对于"城市景观"概念的不同诠释 表1.3

语义学角度	从城市空间结构和外观形角度
《社会科学新词典》对"城市景观"的定义为"反映城市地理特征的概念，探讨城市建筑物、街道和地区几何体的意义和结构特点。"[①]	《环境科学大辞典》中"城市景观"的定义："城市区域范围内各种自然要素和人为设施的外部形态，如山河湖泊的布局形态、植物群落的外观、城市各种用地的外部几何形态、城市构筑物的空间组织与面貌等，同时还认为城市景观在受自然因素影响的同时，也受到城市文化、功能规划、艺术水平等方面的影响。"[②]

"在 The Architectural Review 1994年1月刊上最早使用了'城市景观'（Urban Landscape）一词，其论文标题是'Exterior Furnishing or Sharawaggi：The Art of Making Urban Landscape'，这里 Urban 的含义特指'城市范围'的概念，是'景观'概念向城市范围内的延伸。"[③] 随后，从"景观"延伸出来的"城市景观"概念则侧重于对城市结构和形态的诠释，强调政治、经济、文化在其形成和发展中的重要性。

"人的活动、建筑、道路、绿化和街具设施等，形成一个综合城市外貌——城市景观，因此可以定义城市景观是城市形体外环境和城市生活共同组成的各类物质形态的综合。"[④] 可见，城市景观不仅是静态存在的客观形体环境，还应包括动态的主观社会生活环境，具备物质和社会的双重属性。

综上所述，本书基于对城市景观场所精神表征的研究，在将"城市景观"的概念理解为涵盖城市范围内地表自然景观和人造景观的同时，更加强调城市生活和地域文脉的传承和延续，是公众通过感知行为与城市景观场所相互作用、相互影响，因此，可以将城市景观的场所精神表征要素从定向感和认同感形成的角度分为主观构成要素和客观构成要素，主观构成要素包括人的各类感知需求要素，客观构成要素包括实体因素、空间要素和事件要素。为表征独具特色的城市景观场所精神，需全面协调和处理好各个表征要素之间的关系，并进行有机的组织和

---

① 汝信，黄长等著.社会科学新词典[M].重庆：重庆出版社，1998.

②《环境科学大辞典》编辑委员会.环境科学大辞典[M].北京：中国环境科学出版社，1998.

③ 陈烨.城市景观的语境及研究溯源[J].中国园林，2009（8）：29.

④ 金广君.图解城市设计[M].哈尔滨：黑龙江科学技术出版社，1999.

结合，使城市景观能够更好地体现地域性特色，从而增强人们的定向感和认同感，营造出具有独特归属感的城市景观（图1.11）。

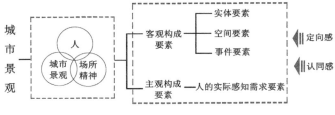

图1.11　"城市景观"的概念描述

1.3.2 认同的概念、认同理论及认同价值

1）认同的概念

"认同"问题是一个心理学、哲学、社会学等多学科共同研究的基本问题，取自"identification"和"identity"两个词的联合义，最先为弗洛伊德提出，其概念是"个人与他人、群体或模仿人物在感情上、心理上趋同的过程"[①]。它指体认与模仿他人或者团体的态度和行为，并内化为个人人格一部分的心理历程，是强调经过与他者的参照、比较来确定自身身份的认知方式或过程，最终目的是要确定这种身份的认知结果，即个体或集体在心理层面所形成的一种归属感。

"认同"最初是指身份上的证明，后精神分析学派将"认同"概念引入心理学领域，用于自我防御理论。"弗洛伊德把'认同'看作是'自我将环境中的现实对象与本我对满足需要之物的想象相对应的过程'。他也把这一概念用来描述个人通过接受模范人物的行为、风格和特征来增强自己的趋向。"[②]

究其实质，认同始终是一种价值的归属，是一定社会关系网络中的社会角色与社会身份，受社会结构中特定价值观念与认同规则的约束，同时发挥自我的能动作用。从根本上说，当前围绕着价值认同所展开的争论都是源于人们对认同概念的不同理解。

2）认同理论

"认同"理论本身不断更新发展的过程表明，认同和人类发展如影随形，并通过主体之间的交互实践和交互认识来实现。"认同是发生在个体、社会和自我之间的，是在这种关系中来确立人自身的身份感问题。"[③]历史上人们为了正确认识自己

---

① 陈国验.简明文化人类学词典[M].杭州：浙江人民出版社，1990.

② 李斌雄，张小秋.大学生对社会主义核心价值观的认同研究[J].思想政治教育研究，2007（4）：39.

③ 贾健英.认同的哲学意蕴与价值认同的本质[J].山东师范大学学报，2006（1）：24.

的价值，总是会不停追问一些永恒的认同问题，如"我是谁""我从哪里来""我的归宿在哪里"等，并渴望得到答案，以期获得自身的存在感，而这些相同的关于身份认同的追问，却总伴随着认同主体具体的利益需求、情感和信仰等，这些决定了认同问题的最终性质，说到底，认同是人的认同，认同是对精神和意志的重估和评价，其实就是价值的认同问题。

认同最初是由社会学发展起来的一个重要概念，而后来这一概念的运用却突破了社会学领域，获得了更为广泛的使用。因此关于"认同"理论的研究也不限于社会学领域，而是在不同学术领域均有研究成果诞生。

（1）心理学领域

威廉·詹姆斯和弗洛伊德提出了"认同"的概念。詹姆斯认为个体潜意识地向别人的意识、价值观学习，并且逐步成为自己习惯的意识和行为的过程，就是认同；弗洛伊德则认为认同是人的趋同行为，是在感情上、思想上、认知上不断同化的过程。

埃里克森则重视个人对社会团体所产生的心理共识，认为这种心理共识是个人心理形成的条件。在埃里克森看来，个人的心理认同发展是一个渐进的过程，包括从对自己身份认同的自我意识的觉醒，到对于一种统一的团体理想的追求，进而期望达到一种目标上的一致性。这一过程需要以个人从属于某一团体为外界条件。因此，埃里克森的认同理论关注个体与外部或者他者的关系，主张认同作为一种自我意识，可以界定个体与外部社会环境或者他人间的联系和区别关系。

（2）哲学领域

这一领域中的学者是从"一致性"来理解"认同"的。柏拉图着眼于人的一致性，提出"共同体中的人"；卢梭提出契约共同体理论，霍布斯提出了人的"自我持存（保存）"，当代如阿克塞尔·霍耐特提出了"价值共同体"理论。[①]

哈贝马斯则以皮亚杰的个体发生理论为研究基础，以人的自我发展能力具有的共性为基础去分析和研究认同的发展理论，同时也关注人的发展与社会进化间的相互关系。哈贝马斯认为在共同的社会结构中，人的认知能力、表达能力、道德意识具有一定的共生性，在人的发展史中，社会形态与自我同一性具有一致性的特征。

（3）社会学领域

这一领域的国外学者常把认同界定为"社会群体中的成员产生一致的看法以及

---

① 阿克塞尔·霍耐特.为承认而斗争[M].胡继华译.上海：上海世纪出版集团，2005.

感情"①。涂尔干把认同看作是"集体意识"的东西，是将一个共同体中不同的个人团结起来的内在凝聚力，是社会成员平均具有的信仰和感情的总和。"社会成员平均具有的信仰和感情的总和，构成了他们自身明确的生活体系，我们可以称之为集体念识或共同意识。"②在涂尔干看来，不同的思想和感情通过集体行动的规则和逻辑，激发出超越差异性的共同价值观，最终成为社会一致性的价值选择。

泰费尔（H. Taifel）和特诺（J. C. Turner）等学者区分了个体认同与社会认同，定义社会认同是"个体认识到他（或她）属于特定的社会群体，同时也认识到作为群体成员带给他的情感和价值意义"，还提出社会认同的过程是"由社会分类、社会比较和积极区分原则建立的"。

从文化的角度来考察认同理论的代表是查尔斯·泰勒。泰勒强调，认同与文化相关，个体或者民族能够生存必须考虑认同的问题，因为认同可以解决关于主体身份的定位问题，人性的好坏、自我的认识和评论、社会生活的熏陶都是认同的基础和动力。

上述各种观点跨越不同专业领域，从不同的思考角度探讨了认同理论，在风景园林学领域的西方学者也开始广泛关注人在景观环境中实现认同的问题，虽然其理论是对当时当地显露出的潜在危机问题的研究，但理论核心仍为我们今天的研究提供了宽广的思路。

3）认同价值

认同理论的核心是价值认同（图1.12）。关于价值认同的本质，学术界有不同的看法，比较普遍的观点有三种：

第一种观点认为，价值认同是指"个体或社会共同体（民族、国家等）通过相互交往而在观念上对某一或某类价值的认可和共享，是人们对自身在社会生活中的价值定位和定向，并表现为共同价值观念的形成"。

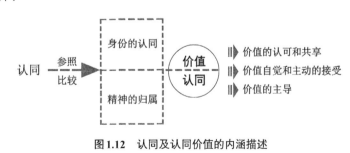

图1.12　认同及认同价值的内涵描述

第二种观点认为，认同表现出的是一种社会成员服从统一的社会价值规范的态

---

① 黄平.当代西方社会学：人类学新词典[M].长春：吉林人民出版社，2003：133.

② 埃米尔·涂尔干.社会分工论[M].渠东译.北京：三联书店，2002.

度，在认同完成的过程中，社会成员会改变或者放弃与社会价值规范相抵触的自身的价值观念，而这种放弃和顺应是出自社会成员的自觉和主动的接受。

第三种观点则认为，价值认同具有两种性质：价值观念分为普世价值观念和主导价值观念两种。对前者来说，由于普世价值具有跨越地理、民族、传统等限制的价值意义，因此会为全世界所接受。而后者则不是一种纯粹的、统一的价值观念，作为主导价值观念表明其居于核心和主导的地位；而在一个存在多种价值观念的价值体系中，主导价值是承认价值差异存在的，但这种主导价值因为代表了价值体系的发展方向，而对其他价值观念产生了导向的作用。

1.3.3 场所与场所精神理论

1）场所的概念及构成结构

（1）场所的概念

"场所"的概念最早源于古希腊和古罗马时期，并影响至今。随着哲学和建筑学的不断发展，不同领域的学者分别结合各自的专业从不同的角度对场所的概念进行了解读（表1.4）。

从不同角度对"场所"概念进行的解读　　表1.4

哲学家	地理学家	环境心理学家	现代主义建筑学家
场所及场所精神起源于神性，不单纯是对某段历史和环境属性的回忆，是一个不断动态发展的过程	场所是由人们的经验总和而建构的意义中心，地理空间中人通过自己的感知与场所紧密联系在一起	场所作为可识别中心而存在，并满足人类对生存环境的心理需求	场所为功能基础上的空间塑造

诺伯舒兹对于场所理论的研究以胡塞尔的现象学理论为基础，提出人们不仅要关注建筑和环境的物理层面，更应通过知觉和感受去探寻环境现象存在的真正本质；认为"场所不单纯是抽象的区位，更是具有清晰特质的空间，场所'是由物质的本质、形态、质感及颜色的具体物所组成的一个整体……场所都会有一种特性或气氛'，因此场所是定性的、整体的现象。"[①]诺伯舒兹在其专著《存在、空间与建筑》中又提出了"存在空间"的概念，并指出"存在空间"包含空间与特性两层含义，可以理解为人与环境的基本关系。诺伯舒兹对场所概念的定义既包括物质和精神的两重属性，又包括人们对栖居环境品质的诉求，场所的本质在于能够使人定居，并从中深刻体验自身和世界存在的意义，"场所是人们产生认同感和

---

① 诺伯舒兹.场所特质：迈向建筑现象学[M].施植明译.武汉：华中科技大学出版社，2010.

归属感的地方"。

结合诺伯舒兹的场所概念，笔者认为当今城市景观环境中的场所应包括两个层面，即物质层面和精神层面。物质层面即景观环境中的实体与空间元素，这些元素往往又被分为自然元素（山水、植被、气候等）和人工元素（建筑、道路、景观设施等），它们共同构成了场所精神产生的物质基础。精神层面同样也有两个方面的构成内容，即感知主体和人为活动。感知主体指的是特定场所中的感知人群，没有人参与和感知的环境便没有场所性；人为活动则是指在特定场所中已经或是正在发生的人类主观行为以及具有地域性特质的历史文化、民族特色、风土人情等事件情节，人的主观行为与地域性事件情节共同赋予场所精神内涵。人们首先通过自然或人工实物对场所进行空间范围的界定，进而场所中的实体和空间元素不断影响人们的感知行为，让人不断融入环境并与环境发生联系，这时场地便成了具有意义的场所，人们正是通过具有不同属性的环境和人文特质要素实现对场所的综合体验、认知、感受和评价（图1.13）。

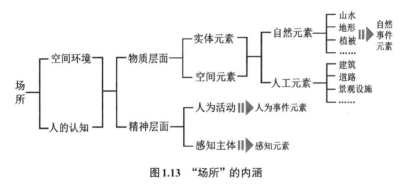

图1.13 "场所"的内涵

（2）场所的构成结构

场所的发展过程是特定的空间和人文属性的形成过程，见证了特定的环境空间由纯粹的自然地景向聚落的演变，也诠释出人类创造文明的过程，因此诺伯舒兹认为场所结构需以"地景"和"聚落"来描述，以"空间"和"特性"的分类加以分析。

在对场所的结构进行描述时，诺伯舒兹提出："场所结构的呈现层次非常明显，从疆土、区域、地景、聚落到构筑物（以及构筑物的次场所）逐渐缩小尺度，构成了具有等级的系列，这称之为'环境的层次'（图1.14），此等级系列的顶端是极广大的自然场所，也包含了较低层次的人为场所。人为场所具有'集结'和'焦点'的功能，也就是说，人'吸收'环境，并使建筑物或其他构筑物在其中形成'焦

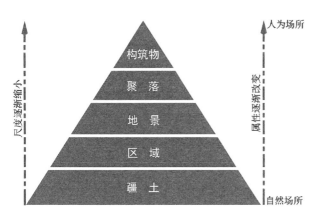

图1.14　环境的层次

点'。"[1] 本书主要是以"人为场所"为研究对象，并以公共艺术作为"手段"展开城市景观场所精神表征的策略研究。

在对场所的结构进行分类分析时，诺伯舒兹提出"空间"是暗示构成一个场所的元素，是三维向度的组织；诺伯舒兹指出"特性"指的就是场所的"气氛"。由于场所还包含着人类精神诉求的重要内容，因此与单纯意义上的空间有着本质的区别。一切的建筑和景观设计都将空间作为重要的研究和处理对象，但是其中创造出的许多空间还不能等同于建筑现象学中的场所，单纯的物理空间只是给人们提供了一种可以满足日常生活基本需求的三维客观存在，没有任何的情绪和特征，只有人们将其感知并把历史事件、地域文化、民族情感等精神特性因素与其结合时，这样的空间才能称之为场所。换言之，空间是一种抽象的区位和位置，通过具体的造型语言、材料肌理、色彩等赋予其特性意义成为场所后，烘托出特有的"气氛"，体现出人类与生存环境的密切关系。

在原始文明时代，原始人类把风雨雷电归结为神秘的力量，产生了最初的原始崇拜，充满了对自然的恐惧和敬畏，也寄托了对美好生活的向往。一片原始的客观存在的广袤场地，初期并不具备任何的神性，当原始部落为祈求神灵庇佑而进行祈愿活动时，单纯的物理空间便成为承载人类事件的特殊场所，人的心灵与环境交织在一起而产生了特殊的精神情感，并世世代代影响着人类的栖居生活。当原始人类胜利归来，在场地中用树木山石垒建起一座可以举行庆祝仪式的实物时，这个实物让整个空间有了明确的界定，赋予空间清晰的特征，场地内是人们通过主观意识改造了的场所，场所外仍然是未知的自然，这种场所内外的区分便是建筑现象学中的"在世存有"。场所内部聚集着特定的物质环境、事件活动和人类的感知行为，进而彰显出具有独特"气氛"的场所精神。

① 诺伯舒兹.场所特质：迈向建筑现象学[M].施植明译.武汉：华中科技大学出版社，2010.

2）场所精神理论

（1）场所精神概念

"场所精神是场所的特性所在，它建立于人们的居住情感基础上，是场所得以被人认同的一种空间'气氛'，当一个场所具有与气氛相应的功能并能容纳与之相匹配的人类活动时，这个场所便具有了场所精神。"[1] 场所精神产生于人们对场所的认知和体验过程，场所精神的有无在很大程度上影响着人类"诗意栖居"的品质。

"'场所精神'（Genius loci）源自于罗马人的想法，根据罗马人的信仰，每一种独立的'本体'都有自己的灵魂（Genius）守护神灵（Guaraian spirit），这种灵魂赋予了人和场所生命，自生至死伴随着人和场所，同时决定着他们的特性和本质。"[2] 诚然，在当今的城市场所表征中我们没有必要重返古代的灵魂想法，但是古人认为环境具有明确特性的观点给了我们重要的启示。

诺伯舒兹在古罗马人所认为的"场所精神"基础上，将其概念内涵与哲学现象学进行联系，创立了迈向建筑现象学的场所精神，诺伯舒兹不仅仅关注场所精神的物质构成，更关注空间和特性所传递的心理和精神内涵，对"场所精神"本质进行了诠释。诺伯舒兹认为："场所精神的形式是利用建筑物给予场所的特质，并使这些特质和人产生密切的关系。"[3] 因此，"场所精神"的内涵诠释应从场所物质构成所彰显的场所特质及其与人之间的情感互动两个方面进行双向阐述（图1.15）。

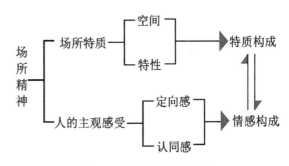

图1.15 "场所精神"的内涵

一是场所精神是场所中的"物"本身具有表征的特质，由在场所中生存和生活的居民理解和认同环境空间的基础上形成，并因地域的不同而呈现出差异性，场所精神即是场所给人营造出的具有方向感和认同感的感受。正如美国建筑师C.亚历山大的论述："'无名特质'是人、城市、建筑或荒野的生命与精神的根本准则，这种特质客观明确，但却无法命名。在我们自己的生活中，寻求这种特质是任何一个人的主要追求，是任何一个人的经历的关键所在，它是对我们最有

① 董栋梁.纪念性空间场所精神表达的策略研究[D].重庆：重庆大学，2013.

② 诺伯舒兹.场所特质：迈向建筑现象学[M].施植明译.武汉：华中科技大学出版社，2010.

③ 诺伯舒兹.场所特质：迈向建筑现象学[M].施植明译.武汉：华中科技大学出版社，2010.

生气的那些时刻和情景的追求。"[1]

二是场所精神产生于人们对场所之"物"表征特质的主观感受，源自人作为感受主体对场所空间特质的基础感知，由于感知主体的不同也呈现出差异性。这里需要指出，本书谈及的城市景观场所精神，是以公众的普遍感知为基础的。

（2）理论产生的社会背景

场所理论产生于特定的时代，有必要分析其产生的社会背景和哲学背景（图1.16）。

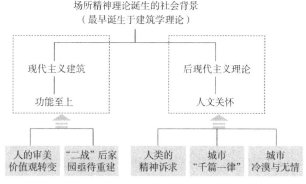

图1.16　场所精神理论诞生的背景

①现代主义建筑的诞生

场所精神理论最早诞生于建筑领域，时至今日已广泛运用于风景园林学、城市规划学、社会学等领域。

工业革命以来，机械化大生产对传统的手工业作坊产生了强烈的冲击。随着生产力的发展，人们对在城市中的居住提出了新的需求。一方面，工业化时代后，人们对物质财富的追求更加强烈，传统的古典主义建筑已不能满足当时社会和经济的发展需求，精雕细琢的构筑方式与当时人们所推崇的功能至上的审美价值观产生了根本的对立。另一方面，第一次世界大战的炮火将人们生存的环境破坏得面目全非，要在最短的时间内重建人类生存的家园，就必须追求高效率。新的建设任务的提出以及新技术和新材料的发展，使得城市建筑的建设数量大幅度增加，推动了现代主义建筑的诞生。"所谓现代主义建筑（Modern Architecture），通常是指源于19世纪20年代初期的一场建筑革命。它推崇建筑的功能至上，根据实用功能的内容和任务进行理性设计，对于审美的要求并不在建筑所谓的'功能'之列。"[2]

在现代主义建筑所推崇的功能至上的原则下，原来古典主义以及折中主义建筑中的装饰逐步被否定，取而代之的是简约和实用，是对西方建筑和城市设计的"现代主义的时代性"反映，在20世纪20年代，这种功能大于形式、高效而又节约成本的新式建筑受到了广泛支持，20世纪五六十年代作为"国际范式"成为主流。

① （美）C.亚历山大.建筑的永恒之道[M].赵冰译.北京：知识产权出版社，2001.

② 王更生.论后现代主义建筑[J].中国建筑装饰装修，2010（8）：175.

②后现代场所理论的产生

第二次世界大战结束后，欧美发达国家迅速进入了社会发展的黄金期，人们的居住物质要求基本得到了满足，开始追求更高的精神需求，并对现代主义建筑和规划所造成的城市生存环境的变化进行反思。在特定的历史时期，现代主义建筑虽然很好地解决了人们的基本居住需求，但是由于过于推崇功能，忽略了地域文脉特性及人们对环境的认知和感受，雷同式的建筑形式让整个城市环境"千篇一律"，缺少了特有的温度和表情。人们逐步摒弃"居住的机器"而诉求"精神的居所"，建筑也被赋予了更高的情感和精神内涵。

现代建筑及城市环境忽视了人文关怀，而引发了诸多的城市问题，人们开始对居住的环境进行新的定义和反思，"这种定义和思考主张重新建立城市在现代时期已经失去的相互关联性和依赖性，重新统一其失去的原有内涵和活力，是对已经形成的现代主义形式和内容的对抗，这一思潮被统称为'后现代主义（Postmodernism）'。"[1]后现代主义是对现代主义的深刻反思，是对人们生存环境品质的更高层次的定位。

在后现代主义思潮中，致力于解决和提升人类生存环境的场所理论应运而生。场所理论是对现代主义影响下忽略地域文化环境、忽视人的体验和感受、盲目套用"国际范式"等观念的批判，强调建筑和城市环境建设不能单纯强调物质层面的功能因素，更应以地域性精神内涵为基点，通过对感知主体需求的研究，引入人的情感和归属因素。

（3）理论创立的哲学基础

现象学的出现是对强势的现代主义的批判。在深刻认识到现代主义的研究方法割裂了人们精神与生存环境的关联之后，现象学以"人本主义"为基础重建主客体以及现象和本质之间的关系。

①现象学开启了建筑现象学的研究时代

在认识论层面，随着社会价值观的不断变化，工业革命以来所形成的人与观察客体分离的认识论不断受到人们的抨击。为了能够从根本上摆脱机械化生产引发的社会认同危机，重新回归人文关怀，德国哲学家胡塞尔创立了现象学。胡塞尔现象学力求将物质和意识、主观和客观进行有机统一，实现对问题的全面研究，"胡塞尔所提出的揭示意识结构的意象性理论便是对这一过程最为准确的描述：意识活动

---

① David Sesmon，Robert Mugerauer.Dwelling，Place and Environmen[J]. Towards a Phenomenology of Person and Word，1975，1（1）：6.

总是指向意识活动所构成的对象。"① 这一哲学理论提出从物质和意识相统一的角度来看待整个世界，并以人的主观感受来思考客体事物本身，这对消解由于社会人文关怀危机所带来的情感和精神冷漠的现象具有积极的价值意义，可在精神上重构人与环境之间本应存在的密切关系。

从建筑学的角度来看，胡塞尔现象学对城市建设最具启发的意义是"回到事物本身"，即在对现象进行研究时应摒弃任何的预设，以人类最直接的体验和感受作为研究的出发点和最终归宿。海德格尔在继承和发扬胡塞尔现象学理论的基础上创立了"存在主义现象学"，由此也拉开了建筑现象学的研究序幕。

②建筑现象学奠定了场所精神理论的研究基础

以胡塞尔现象学为依据，建筑现象学主要观察和描述建筑与人的知觉关系，根据研究侧重点的不同，"建筑现象学又分为两大研究体系：一是以诺伯舒兹的研究为代表的建筑现象学，他主要采用海德格尔的存在主义现象学，侧重于理论性研究；二是以斯蒂文·霍尔和帕拉斯玛的研究为代表的建筑现象学，他们主要采用梅洛·庞蒂的知觉现象学，侧重于实践性研究。"②

胡塞尔现象学中"回到事物本身"的重要理论对城市环境及建筑设计产生了深远的影响，提出人们对个体的印象是从对客体的感受中获取的，是建筑环境引入现象学的初始阶段。海德格尔的"存在主义现象学"则将建筑现象学的研究推到了更高的高度，是建筑现象学研究最直接的哲学基础，他的理论打破了传统哲学中对世界所进行的物质和意识的刻意划分，认为二者是一个对立统一的整体，并将现象的知觉感受扩大至整个"栖居"的范畴，通过对人的行为和体验的观察与研究来对居住的意义进行重新定位，他认为人类的居住不是一种简单的生活行为，而是一种多彩的生活状态，因此，栖居的最终目的在于人们从生存环境的物理体验中获得精神的感受和共鸣。后来海德格尔所提出的人本主义理论则将建筑现象学的研究进一步升华，认为"居住"作为一种存在，不能将客观存在的实体及空间与人类的主观感知相分离，应将物质和精神密切关联。相对于现代主义功能至上的思想，建筑现象学更加强调建筑环境的物理属性对人们的情感和精神的影响，如造型、材料、肌理、色彩、尺度等变量元素对人的主观印象所造成的象征性感受，在人与客体的互动中探究人类栖居环境的品质。

建筑现象学是充满了人文关怀的人本主义思想，倡导人与环境的共荣，是对缺

---

① 钟俊.建筑现象学的初探[J].四川建筑，2009，29（1）：41.

② 沙克宁.建筑现象学[M].北京：中国建筑工业出版社，2007.

乏情感和精神内涵的现代主义思想的拯救。"建筑现象学的定义有广义和狭义之分，广义建筑现象学是指人们对人与栖居环境之间关系的研究，由于内容涉及人、环境、建筑等诸多方面，在许多论著中也将建筑现象学称为场所现象学或人居环境现象学。"[1] 狭义建筑现象学则通常被理解成诺伯舒兹创立的场所精神理论，对于这一理论概念将在下面进行详细诠释。

建筑现象学诞生于现代居住环境的危机中，是对人、建筑、环境之间密切关系的系统性研究，在该理论的影响下，建筑设计挣脱了现代主义形式单一的国际范式思潮的束缚，开始寻求人在栖居环境中应获得的特殊感受和品质，诺伯舒兹提出："建筑意味着把一个场地转变成具有特定性格和意义的场所，设计就是造就场所。"[2]

（4）理论涵盖的内容

诺伯舒兹提出具有场所精神的场所都具备两个必要特征：场所须给人以明确的定向感，同时还须得到人们在情感层面的认同，即场所精神主要涵盖定向感（orientation）和认同感（identification）两方面的内容（图1.17）。

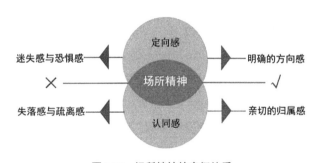

图1.17　场所精神的表征特质

①定向感

想要获得存在的立足点，人们必须知晓身在何处。定向感即人身处某一处场所时所具有的辨别方向的能力、对所处环境的明确的空间感知能力。当某场所能够给人以定向感时，人们便会在潜意识中形成安定感，反之会出现迷失感，在潜意识中形成忧虑感和恐惧感。

根据凯文·林奇的"城市意象"，要使场所具备定向感，可借助对道路、区域、边界、节点、标志物等城市意象元素进行形态、颜色或秩序的处理，"好的环境意象能够使它的拥有者在心理上有安全感"[3]。例如中国古典园林的空间秩序营造是通过不同景观节点的布局和变换，给人以明确的定向感，同时彰显出浓厚的中国传统文化，场所精神便得到了高度表征。

① 刘先觉.现代建筑理论[M].北京：中国建筑工业出版社，2007.

② 诺伯舒兹.场所特质：迈向建筑现象学[M].施植明译.

③ Cf. The powerty of historicrism[J]. London：Karl Popper，1961，42（03）：63.

②认同感

要强调人类的"定居"，认同感是最重要的前提。认同感可以引发人们对生存起源的回忆和对生存本质的思考，具备认同感的环境更能与感知主体产生情感共鸣，由此产生归属感。然而，在现代城市环境中，认同感被物质功能所代替，人们在精神上迷失，因此，"认同感"的塑造成为城市景观建设的当务之急。

生存和生活于城市环境中的人都需要一种归属感，人认同的最深层面便是归属感的产生。熟悉的事物总会引发人们某些特殊的情结，这些情结都是人们在长期的生产和生活中与熟悉之"物"所缔结的情感共鸣。疏离感与此相反，主要是由于人们对构成场所之"物"的陌生而造成的，这种疏离感将阻碍场所要素的集结，因此埋下了城市环境"场所精神沦丧"的祸根。

1.3.4 表征的概念及内涵

表征（representation）是认知心理学领域的重要研究内容之一，是指通过人的心理活动对感知对象的相关物理信息进行精神处理和记忆，即人的心理对客观存在事物的精神再现加工。因此，表征并非是单纯的对客观事物表象信息特质的反映，更是感知主体对感知对象的情感传达（图1.18，表1.5）。

城市景观场所精神表征可以理解为：赋予城市景观中自然和人文环境元素特定的精神意义，并通过人们的体验活动获得与其他场所环境不同的感

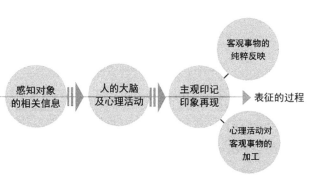

图1.18　表征的内涵

知。城市景观中的体验人群往往会以自己的感知为基础对城市景观的实体元素、空间元素和事件元素加以观察、想象和创造，进而产生共鸣，随之形成定向感和认同感，成为城市景观场所精神表征的核心价值。

表征的相关研究成果　　　　　　　　　　　　　　　　　表 1.5

	斯图尔特·霍尔（Stuart Hall）	亨利·列斐伏尔（Henrich Lefebvre）
理论阐述	"表征是指运用物象、形象、语言等符号系统来实现某种意义的象征或表达的文化实践方式……即我们运用表征客观事物的方法，给予它们特定的意义。"[1] 在某种程度上，我们凭借带给它们的解释框架给各种人、物及事以意义。正如通过人们对一堆砖和灰浆的使用，才使之成为一所"房屋"；正是人们对它的感受、思考和谈论，才使"房屋"变成了"家"	"空间表征设计概念化的空间……它在任何社会或生产方式中都是主导型空间，它趋向一种文字的符号系统；表征空间是通过相关的意象和符号而被直接使用的空间，是一种被占领和体验的空间，它与物质空间重叠并且对物质空间中的物体作象征性的使用。"[2]
图解		

1.3.5　公共艺术的概念、属性与历史流变

1）公共艺术的概念

20世纪90年代末，我国首次出现了"公共艺术"的概念，但时至今日，学术界仍对其存在较大争议。大多数学者认为，公共艺术作为一种崭新的语言形式，融合了艺术学、风景园林学、社会学、地理学等，是地域性特质的物化形象；普遍认为公共艺术可从文化性、公共性和艺术性三个角度来诠释，因此公共艺术远超美学的范畴，不单纯具有审美功能，其更大的意义在于社会和文化价值。本书将从公共艺术在城市景观场所精神表征中的作用出发，通过"时空"维度对其进行细化的范畴界定。

近代公共艺术主要是第二次世界大战结束后在美国的城市建设中诞生的。在战后城市规划和重建过程中，众多的高大建筑拔地而起，再加上钢筋、水泥、玻璃等建筑材料的大量运用，城市变得越来越冷漠和压抑。为改变这种状况，美国政府开始整治城市景观环境，资助艺术家进行大规模的城市公共艺术项目建设。为了保证公共艺术介入城市景观环境，构建公共艺术的场所精神价值体系，美国还专门成立

---

① 谢纳.空间生产与文化表征：空间理论视域下的文学空间研究[D].沈阳：辽宁大学，2015.

② Lefebvre H. The production of space[M]. Oxford：Blackwell Press，1991.

了国家艺术基金会负责项目实施；在社会各界的通力配合下，大量的艺术作品出现在城市景观环境中，并由此得名为城市公共艺术。城市公共艺术不单纯是艺术家把艺术作品从室内搬到室外，更是强调艺术作品与人及其所在环境的协调和融合，所有公共艺术项目都是系统性项目，在注重自身语言表达的同时，更强调与大的城市环境的协调，即场所精神的表征。公共艺术项目的建设过程中注重"人—城市景观—场所精神"的相互关系，在改善和提升城市景观环境"气氛"的同时，也强调其使用者——"人"的存在价值，通过纳入公共参与意识，赋予公共艺术作品深层次的价值内涵，公共艺术打破了西方启蒙以来所建构的艺术与生活的高墙，艺术从此走出高雅的殿堂，蕴含了更多的社会性、文化性和艺术性——公众可参与共享，很大程度上也丰富和发展了城市景观环境。

"公共艺术（Public Art），这一概念最初在20世纪90年代末引入我国，并在城市建设领域逐步得到重视，但无论在实践和理论层面的建设在我国都尚属起步阶段，其理论体系的大片领域还处于近乎空白。"[①]起初被称为"环境雕塑"，但是随着城市的进一步发展，主要以城市雕塑和壁画形式出现在城市空间环境中，因此被冠以"城市雕塑"之名。随着"公共性"意识的不断强化，许多学者认为"城市雕塑"对于公共性的诠释也局限明显，称为"公共艺术"更为妥当。虽然当前对于公共艺术概念的界定尚无定论，但是面对城市景观认同感缺失严重的现状，众多艺术作品介入城市景观以彰显场所精神，人们也逐渐把这种艺术作品称为"公共艺术"。

在风景园林学视角下，公共艺术是城市的自然与人文环境相结合的产物，植根于城市文脉传承，用不拘泥于形式的表现手法丰富了城市的地域性氛围，唤起了人们对于"人—环境"的和谐共存关系的思考。学者多认为凡是出现在城市景观环境中的具有公共性的作品，无论公共建筑、城市雕塑还是城市公共设施等都属于公共艺术范畴。如城市雕塑作为公共艺术的重要体现方式之一，因置于特定的城市景观环境中，所以不同于一般的架上雕塑，除具备一般艺术意义外，更具文化性、公共性和场所性。公共艺术作品不再单纯是艺术家自我的情感表达，更需要体现城市文脉与公众精神，在表征城市景观场所的公共精神层面发挥重要价值。

本书认为应从广义层面对"公共艺术"进行定义，它是指设置在特定"时空"的城市景观环境中，塑造景观环境的定向感和认同感，从而能够进行场所精神表征的各类艺术作品，包括城市雕塑、建筑、装置、水体、植物、城市公共设施等，它们比环境的公共性更能反映特定时代的精神公共性和艺术独特性，公众可以通过多

---

① 王中.城市公共艺术概论[M].北京：北京大学出版社，2004.

种方式观赏、接近、参与和感知。公共艺术以其所具有的场所精神表征特质提升着城市的环境、传承着城市的文脉、展现着城市的风貌。在当今城市景观的场所精神表征中，公共艺术与城市的自然和人文环境相结合，并注重人的参与和共享，逐步构建起"公共艺术—人—场所"相互联系、相互融合的公共艺术场所精神表征关系体系（图1.19）。公共艺术作为城市人文关怀的精神投射，融合了规划、建筑、风景园林、艺术等诸多学科，是城市环境景观场所精神表征的艺术和工程实践（图1.20）。

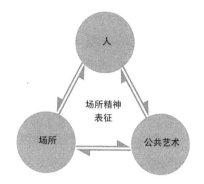

图1.19　公共艺术场所精神表征关系图

2）公共艺术的属性

（1）互动性。从使用者的角度看，公共艺术是置于城市公共环境中的艺术，因此，公众都有权利自由进入景观环境中去欣赏和体验艺术作品，同时还可以自发地与公共艺术产生各种互动关系；同时，公共艺术与它所处的景观环境中的自然因素和人文因素发生着积极的互动关系，其自身也会随着周围因素的变化而变化。

（2）永恒性。纵观西方城市雕塑发展史，尤其是广场环境中所设置的雕塑作品，在传达城市历史文脉的同时也逐步成为广场历史演变和发展过程中不可缺少的文化

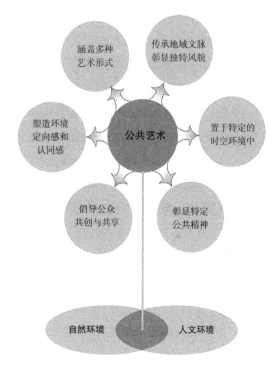

图1.20　"公共艺术"的内涵

因子，城市雕塑经历的历史越久远，被公众关注得越多，其自身文化和社会价值越高，它将在意识和精神层面影响一代又一代的人，因此优秀的城市雕塑往往都具有永恒性。

（3）公众性。公共艺术通过对城市景观环境的自然和人文特性的诠释，成为影响和提升环境品质的主要方式。公共艺术的设置可以唤起公众对景观环境的多样性感受，同时公共艺术还是社会精英和公众进行对话的媒介，可以进一步显示公众的主人翁地位，逐步削减艺术家的"精英式审美"的控制，强化"公共性"。

（4）多样性。科技和材料的发展有效拓展了公共艺术的表现手法，不再局限于常见的石材或金属、雕塑或壁画，各种载体和手段都纳入了公共艺术的范畴，尤其是声、光、电等技术的引入，让公共艺术呈现出多样化。

（5）参与性。公共艺术并非由艺术家做好之后直接置于城市景观环境中，而是在评选过程、制作过程中都有公众参与，因为公共艺术作为一种社会生活事件侵入公众生活，必然会引起他们的广泛关注。许多优秀的公共艺术作品都有公众参与和评价的痕迹而更具公共性。如贝聿铭为法国卢浮宫广场设计的金字塔刚开始引起了轩然大波，后来他不惜做了一个原大的模型，邀请6000万公众参与投票评判，结果获得了认同。这是公众参与创作过程的一个典型案例。

（6）多元化。从环境影响层面来看，公共艺术不仅仅具备美化城市景观环境的功能，它也是打造城市形象、影响公众生活的重要手段，可让公众的生存环境更有质量和深度。从社会价值层面看，公共艺术不仅具有主题性、纪念性、颂扬性的社会教化价值，更可在时代发展中满足公众心理和行为需求，唤起共同记忆、分享共同经验，进而增强公众的社会认同感和归属感。

（7）系统性。公共艺术不是一个"点"，在城市景观的场所精神表征中体现出更加立体化、综合化、系统化的"域"的关系。因此，在注重体现单体公共艺术价值的同时，公共艺术规划体系的研究也成为重点。

3）公共艺术的历史流变

黑格尔曾经说过："每件艺术作品都属于它的时代和它的民族，各有特殊的环境，依存于特殊的历史、观念和目的。"[①]

公共艺术的本质属性是"公共性"。作为城市景观场所精神的表征载体，它蕴含着复杂的历史性和矛盾性，同时也历史地、矛盾地建构和丰富着地域文脉。从概念发生的角度看，大多数专家认为"公共艺术"出现得比较晚，但这并不意味着"公共艺术"作为一种艺术实践仅仅出现在后现代语境中。事实上，它一直是城市文化实践的重要组成部分，伴随城市发展的始终。因此，作为一种实践的"公共艺术"不同于理念的"公共艺术"。在历史语境中，通过对"公共性"时代特征的把握来梳理公共艺术的演变，会发现不同历史和不同文化影响下的公共艺术的差异性和延续性。例如法国的埃菲尔铁塔、美国的自由女神雕像、中国的人民英雄纪念碑等，它们都在城市景观场所精神的表征中发挥着巨大的价值，但是脱离历史背景，单纯用现在的"公共艺术"概念去套，或许它们就不属于"公共艺术"的范畴了。

---

① 黑格尔.美学[M].北京：商务印书馆，2018.

这实际上是用概念掩盖实践意义。因此，需要在历史语境下构建"公共艺术"实践观，以更加全面认识公共艺术的价值。

社会、政治、文化、哲学、审美等因素的综合，构成了公共艺术的语境。按照布洛克的说法，从古到今可以将艺术理论分为三个时期，即前审美、审美和后审美，与之密切相关的另一种划分方式如李建盛在其专著《公共艺术与城市文化》中所指出："从实践的历史角度出发，懵懂、现代和后现代划分也适用于公共艺术的历史演变。"[①]（表1.6）

历史语境下的公共艺术演变　　　　　　　　　　表1.6

时 代	懵懂时期的公共艺术	现代时期的公共艺术	后现代时期的公共艺术
所处场所	神庙、金字塔、教堂、宫殿、权利广场等	广场、公园、依附于建筑等公共场所	街道、广场、公园等城市景观环境
使用人群	教主、国王、圣人、贵族等	所有阶层	公众
特征	权利和威严的显示，具有膜拜价值	艺术精英控制的审美自律性，公众被动地享用	共同参与和共同享有

懵懂时期的公共艺术侧重的是面对特定群体发挥特定的膜拜价值功能，体现一种权利的公共性，并非体现展示价值。当追溯公共艺术的起源时，人们都喜欢从古埃及的艺术讲起，认为埃及当时的许多户外大型雕塑或依附于神庙建筑的雕塑应该属于那个时代的"公共艺术"。孙振华在《公共艺术》一书中把这一时期称之为"前公共艺术"，他指出："早期的岩画、金字塔前的狮身人面像、卡纳克庙前神道的神兽以及中国古代陵墓的石象生等，这些雕塑艺术所具备的公共性特性非常有限，但并非不存在任何公共性，所以在某种意义上可以看作是公共艺术。"[②]

现代时期的城市雕塑或公共艺术作品，体现了一种艺术精英主义的"审美权利"，不关乎大众的审美需求和城市环境的文化诉求，更多的是艺术家自我审美意识的表达。但是这种"审美权利"在后现代社会中受到了彻底的批判，里查德·塞拉的《倾斜之弧》在公众的反对声中被拆除，反映了"艺术审美"和"公共民主"之间的矛盾性（图1.21）。

后现代时期的公共艺术是城市发展到一定阶段的产物，它是在当今特定社会背景下，面对自然和人文环境的破坏、城市文脉几近缺失和城市特色逐渐消失等众多问题，为了改善城市生活环境、提高生活品质、彰显城市精神而产生的一种文化现

① 李建盛.公共艺术与城市文化[M].北京：北京大学出版社，2012.

② 孙振华.公共艺术[M].南京：江苏美术出版社，2013.

图1.21　倾斜之弧

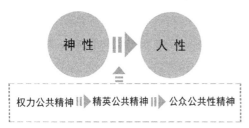

图1.22　公共艺术的属性演变

象，在城市文脉的展现和传承层面，公共艺术发挥了巨大的功能和作用。20世纪70年代之后，许多公共艺术家的注意力转向了人类行为、社会意识、生存环境、多元文化、公众共享等方面，公共艺术也因此具备了文化性、社会性、地域性和公共性。公共艺术作为公共的艺术，是一种共同参与、共同享有的文化福利事业。公共艺术的历史演绎了审美民主化的进程，是继权利公共性、审美公共性之后的在公共场所公众参与和共享的公共性。公共艺术除了是公众的"共同参与和享有"意志的代言人，还与城市的环境融合以及与城市文化的构建有着密切的关系。公共艺术的创作主题、表现形式、空间建构等均体现了公众的意愿与城市的地缘文化，反映了当代城市居民的心理及行为，乃至审美与精神的迫切需求，它是城市文脉传承和彰显的一个重要组成部分，是城市景观场所精神表征的重要方式和手段之一。

公共艺术作为城市景观场所精神表征的物化载体，既具有艺术美学性和文脉象征性，又具有公共性。当今城市景观环境中的公共艺术通过特定的象征性表意符号展现和传承城市独特风貌的同时，也与公众的心理及行为需求形成共鸣。公共艺术与城市的政治、经济、文化等密切相关，在历史语境下随着公共艺术由"神性—人性"的不断演变，而今受后现代主义思潮的影响，其"公共性"特征也由"权利性"转变为"公众共享性"，从精英行为转向公共参与（图1.22）。因此，公共艺术介入当今城市景观的场所精神表征成为可能。

2

城市景观中的场所精神与公共艺术

2.1 相关理论对城市景观场所精神诉求的阐述

2.1.1 马斯洛需求理论

关于人的认知需求，著名人本主义心理学家马斯洛在其需求层次理论中把人的需求分为生理、安全、爱和归属、尊重、自我实现五种需要，同时又把这五种需要按发展顺序由低到高分为五个层次，并提出动机是驱使人们从事各种心理和行为活动的内部原因。动机通常被认为是由外部和内部两种构成，外部动机是指由于受到外部需求或者压力作用而产生的动机，而内部动机则是由个体的内在需要所产生的动机。马斯洛从对人的动机理解出发，建立起需求层次理论模型（图2.1）。

马斯洛在其著作《动机与人格》中用"需求"和"动机"诠释了需求理论的必然要求，"需求是潜在的、可塑的，它必须转化成'动机'，才能表现为对行为的现实支配力。"[①]这里指明了需求与动机二者的区别和内在联系："任何需求的满足

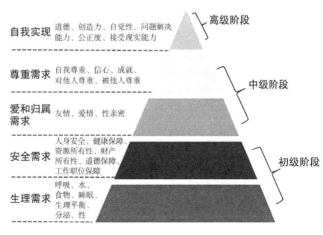

图2.1 马斯洛需求层次理论

---

① 亚伯拉罕·马斯洛.动机与人格[M].许金声译.北京：中国人民大学出版社，2007.

所产生的根本后果是这个需要被平息，一个更高级的动机出现。"①

　　根据马斯洛的需求理论，当城市景观满足了人们的低层次物质需求之后，人们便会寻求更高级层面的精神需求。随着我国城市化水平的不断提升，城市景观的数量急剧增长，广场、街道、公共绿地在城市中大量涌现，从物质功能层面基本满足了人们的需求，但是缺乏认同感的城市景观大量存在，造成了人们对城市景观日益增长的精神诉求与城市景观场所精神缺失之间的矛盾。因此，应结合我国国情，从人们的实际需求出发，在分析其真正的心理及精神需求的前提下，建立关注人的心理愉悦与精神寄托的价值取向，通过有效的手段对城市景观的场所精神进行表征。

2.1.2　环境心理学理论

　　环境心理学理论侧重于感知对象对于观察主体的刺激和人对环境的知觉的研究，如果说城市景观元素的物化和完形层面的价值是场所精神表征的基础，那么通过在精神层面实现人们的心理和情感诉求则是最终归宿。下面将从环境心理学中的格式塔知觉理论出发，以人作为主体对城市景观的环境感知进行研究。

　　格式塔心理学的产生背景与场所理论相同，都是在20世纪初资本主义国家工业化迅速发展的背景下发源于胡塞尔现象学。格式塔（Gestalt）在德语中意指形式或者图形，中文音译为"格式塔"或诠释为"完形"。作为心理学术语，格式塔有两种含义：一是指事物的一般属性，即形式；二是指事物的个别实体，即分离的整体。换言之，"假设有一种经验的现象，它的每一成分都牵连到其他成分，而且每

图2.2　格式塔现象

一成分之所以有其他成分，即因为它和其他部分具有关系，这种现象称之为格式塔。"②（图2.2）格式塔知觉理论认为所有的知觉现象都是有组织的整体，往往由三个基本观点组成，见表2.1。

　　根据格式塔心理学理论可以这样理解城市景观：人作为感知对象的观察主体而存在，在认知的过程中不断试图将知觉范围的物象进行秩序化处理以增强对场所环境的理解，相反，特质也会影响知觉的效果，因此，城市景观中所有能够被感知的对象成为有组织的因素则被称之为格式塔。格式塔心理学的研究方法

①　亚伯拉罕·马斯洛.动机与人格[M].许金声译.北京：中国人民大学出版社，2007.

②　高觉敷.西方现代心理学史[M].北京：人民教育出版社，1982.

格式塔知觉理论体系中三个基本观点 表2.1

知觉的整体性	同型论	场作用力
"人的知觉经验是完整的格式塔，不能进行人为的区分。"[1]	"物理现象、生理现象和心理现象都具有格式塔的性质，体现出两两对应的关系，因此表现出同型的现象。"[2]	"如物理现象是保持力关系的整体，那么则推论出生理和心理现象也是保持力关系的整体，所有的物理力、生理力和心理力发生在同一场中，被称之为场作用力。"[3]
人的感知经验	物理现象 心理现象 生理现象	物理力 生理力 心理力

是强调环境的特质及与人的关系，这与场所精神的理论研究是一致的。

通过对格式塔心理学理论的分析（如图2.3所示）可知：环境的物质属性体现的是人们在功能层面的需求，当人们发现并开始利用这些功能后便会依据自己的本能对环境属性不断进行拓展，因此环境的物质属性对人进入场所具有积极的吸引力。人作为使用者根据场地所提供的功能开展有目的的活动，在体验和参与过程中逐步建立起对该场所的认同感。即场所的功能提供和支持人们的行为，同时人们通过行为来体验对环境物质和精神的满足度，行为的综合结果反映出场所的独特品质，从而彰显具有认同感的场所精神。

综上所述，城市景观作为场所，不仅满足了人们的户外活动需求，更是承载了人们在活动过程中的情感和记忆，以人的活动为基础的景观建构是城市景观场所特质产生和存在的本源。场所在满足功能需求的前提下，更应凸显地域特征、历史文化、民风民俗、世事变迁等场所精神特质，人们通过对这些品质的感知，

图2.3 场所精神表征的格式塔分析

可以在主体和环境之间建立情感的共鸣，进而体会到城市景观的精神价值所在。

---

① 林玉莲，胡正凡.环境知觉的理论[M].北京：中国建筑工业出版社，2016.

② 林玉莲，胡正凡.环境知觉的理论[M].北京：中国建筑工业出版社，2016.

③ 林玉莲，胡正凡.环境知觉的理论[M].北京：中国建筑工业出版社，2016.

2.2 城市景观中的场所精神

2.2.1 城市景观中引入场所精神的意义

1）作为场所精神理论引入的城市景观

诺伯舒兹的场所精神理论以胡塞尔和海德格尔关于现象学的研究为基础，体现出对现代主义建筑的批判，因此，20世纪后现代主义思潮影响下场所精神理论的研究并非是源于风景园林学，但都与建筑学和城市景观学所研究的内容在本质上具有相通性，都是为营造人类美好的栖居环境；同时，城市景观作为城市文化宣传的主要阵地，作为人类交往和活动的主要场所，在城市景观学中引入场所精神理论，可在城市景观中生成人们的定向感和认同感。

2）作为场所时代需求的城市景观

城市景观作为风景园林学的重要研究内容，在中西方历史上经历过神性、宫廷苑囿、写意和风景造园等几个重要阶段，历史上的造园行为都是对当时自然和人文环境以及人类生存状态的反映，通过定向感和认同感的营造，彰显出各具特色的场所精神。时至今日，人类对环境的定向感和认同感遭遇了重大危机，这与当今的社会背景、学科发展以及人类在城市环境中的角色转变等息息相关。同现代主义影响下的建筑一样，伴随着城市化的发展对城市景观数量的需求以及人类对于生存环境的反思，当今城市景观蓬勃建设的同时也面临复杂的危机，这主要体现在两个方面：

一是当今的城市景观无论是在功能定位还是在内容形式表现上，都与传统造园存在着本质的区别；随着人们"公共"意识的不断觉醒，作为城市重要的绿地系统和人类重要的交往空间，不再是专属群体意识的专断，更应是一种社会福利，致力于生态环境的改善和人类交往能力的提升。

二是在全球一体化的影响下，国际交流与合作与日俱增，国与国之间的文化相互影响和渗透，原本具有地域性特色的城市景观场所精神也愈加受到世界大同思想的侵蚀，原本应该具有地域性认同感的自然和人文特质已经变得越来越模糊。

对于景观环境场所精神的表征，从古到今一直贯穿于人类景观实践活动的始终，从中国古老的"蓬莱仙境"到西方的"伊甸园天堂"，都是人类根据地域性的生存环境所进行的场所精神的理想化表征。当今城市景观在一定层面上属于人文意识的范畴，是对物质自然和人文意识之间密切关系的诠释，在营造的过程中应根据人们的理想诉求，充分融入人文意识，实现城市景观场所精神的表征。

3）作为定向感和认同感塑造的城市景观

诺伯舒兹在其场所精神理论中提出，通过场所定向感的塑造，可以让人知道身在何处；通过场所认同感的塑造，可以建立和增强人们对场所的归属感；因此定向感和认同感构成了场所精神表征的根本属性。对定向感和认同感的密切关注是环境危机的必然，并将随着社会的发展进一步拓展。人类最初的生活环境的营造源自长期的生产和生活，在潜移默化中融入了地域性的自然和人文特质，因此不必像今天一样去刻意表征。今天的城市景观环境不断受到世界范围内各类文化的冲击并不断融合，当文化共荣不断增强，景观环境的地域性特质会日益淡化，甚至会逐步消亡，从而引发认同危机的不断产生和蔓延，因此人们不断呼吁城市景观的"人文关怀"，寻求地域性回归的场所精神表征。

2.2.2 城市景观中场所精神缺失的主要层面

自1978年改革开放以来，我国城市面貌焕然一新，但在城市景观的实际建设过程中"千篇一律"和"白板化"现象严重，这些问题并非依靠国家的规范就能解决，而是需要协同介入，在各地的实际建设中依据各自特征和规模，协调好人和景观环境的共性和个性，追求物质功能属性与社会精神属性的统一，形成独具特色的场所精神。

城市化进程的不断加快在为城市景观建设带来机遇的同时，也带来了一系列问题，地域性的缺失是其中最为突出的问题。同济大学王云才教授在其论文《风景园林的地方性——解读传统地域文化景观》中从场所精神层面提出了当今景观存在的问题："通过分析，可以将这些存在的问题划分为三个层级：物理层面、行为层面和社会层面。"[①] 具体问题概括见表2.2。

当今城市景观场所精神缺失的主要层面　　　　　　　　　　表2.2

分类	详述
物理层面	单纯追求城市建设物质属性，表面上看似繁花似锦、多姿多彩，实质上却是对人们审美和解决城市生态问题的无视。"钢筋混凝土林立的座座城市"是对当今我国许多城市的真实描述，作为城市景观的立项者和设计者，也大都陷入了设计和建设功能与形式至上的误区，并没有真正认识到城市景观的作用和意义，一味追求国际范和高大上，重表面、轻实质，公众的地域性认同受到严重影响

① 王云才.风景园林的地方性：解读传统地域文化景观[J].建筑学报，2009（12）：94-95.

分类	详述
行为层面	"人是城市文化的核心载体"[1]，但是在城市景观的实际建设过程中，过度看重物质空间和功能结构的建设，大多忽视了给人们的行为感受和体验需求。"城市景观环境是城市中进行各项公共活动的地方，是一座具有活力的城市中最容易产生记忆的地方。"[2] 城市景观是人们活动和交往的重要公共领域，"哈贝马斯认为公共领域是在尊重和维护公众的权益基础上形成的，具有公共参与、公共舆论和社会公众授权的深刻内涵。"[3] 大量的城市景观缺乏对人的实际需求的考虑，造成人们不愿意参与其中，广场的使用率和吸引力大打折扣，场所精神更无从谈起。因此，在城市景观的建设尤其是场所精神表征层面应更多地从"以人为本"出发，在行为层面真正适应和满足公众参与和互动的实际需求
社会层面	一些城市景观在设计和建设过程中，单纯寻求奇特、规模和数量，忽视了城市文化的保护与传承，不断侵蚀和破坏着文化的价值核心，同时出现了一些稀奇古怪的超高建筑与不协调的景观环境，城市景观环境在一定程度上变成了城市建设的牺牲品。"国际范"的错误导向使城市景观建设出现了忽视地域文化的传达、盲目跟风和攀比等现象。城市景观建设淡化了地方特色和文脉渊源，多数城市千篇一律，毫无个性，因此造成人们在城市景观中的归属感迷失，甚至是消亡

2.3 公众对城市景观场所精神表征需求的调研及分析

2.3.1 人文关怀下关于公众对城市景观精神表征需求的调研

城市景观的场所精神表征应从使用者（公众）的需求出发，适应人与人之间、人与景观环境之间的相互影响关系。这样一种研究视角的转变，对于城市景观场所精神的表征就从理论性和理想性转化为实际需求性和现实性，体现为"公共性"，在人与城市景观的物理层面、行为层面和社会层面形成密切的互动关系。本次调研也是基于这样的前提和目的展开的。

1）调研目的及方式

基于前面对城市景观场所精神的诠释，"定向"作为客体，是人类认识和感知的客观对象；"认同"作为主体行为，是人们对于客观对象的评价和态度，由此可得出：对于城市景观场所精神表征的调研应综合其物质和社会属性，采取定性和定量相结合、公众和专家相结合、主观和客观相结合的方式，从定向感和认同感两个层面展开系统性探索，为总结城市景观的场所精神表征做好基础数据研究。

---

① 高雨辰.城市文脉保护视野下的公共艺术设计研究[D].天津：天津大学，2015.

② 赵蔚.城市公共空间的分层规划控制[J].现代城市研究，2001，90（4）：7.

③ 翁剑青.城市公共艺术[M].南京：东南大学出版社，2013.

　　城市景观基本可分为城市广场景观、城市街道景观、城市公园景观三大类，其中城市广场作为城市的重要有机组成部分，在我国城市的发展和演变过程中具有重要的意义，被喻为"城市的会客厅"和"公众的生活舞台"①，几乎每一座广场都在诉说着自己动人的故事，不断演绎和见证着城市的历史和沧桑，各种人际交往、各种公共意见的传播往往都产生于这个舞台，最大限度地进行场所精神表征。广场一方面满足公众的定向需求，另一方面又满足了公众的认同需求，是城市生活方式和城市精神的有机产物，且与人的心理和行为关系非常密切，因此本调研选取城市广场作为调研的基点。

　　调研的人群为公众，通过半结构问卷的形式展开。按照国家的东部、中部、西部三个部分的划分，从三个地区的南方和北方城市中分别选取两个具有代表性的城市进行随机问卷，其中东部地区选取北京和上海，中部地区选取郑州和武汉，西部地区选取西安和成都。本次调研共计发放问卷300份（每个城市各50份），共计收回287份，其中有效问卷278份（详见表2.3）。

关于公众对于城市景观人文关怀需求的调研问卷回收情况　　　　表2.3

发放问卷城市	发放问卷数量/份	收回问卷数量/份	有效问卷数量/份	问卷有效率
北京	50	49	47	94%
上海	50	48	48	96%
郑州	50	45	43	86%
武汉	50	48	46	92%
西安	50	50	49	98%
成都	50	47	45	90%

2）调研结果分析

（1）在对城市广场景观的场所精神表征重视度的调研中发现：89.87%的公众认为城市广场景观的场所精神表征非常重要，仅有3.56%的公众认为城市广场景观中的场所精神表征可有可无（图2.4）。

　　通过调研数据分析得出：公众普遍认为城市广场景观中的场所精神表征非常重要，只有极少数人认为可有可无，因此在城市景观的建设中应重视场所精神表征，不断满足公众的心理、行为及精神需求。

　　（2）在公众对城市广场景观中场所精神表征满意度调研中发现整体满意度及以

---

① 翁剑青.城市公共艺术（M）.南京：东南大学出版社，2004.

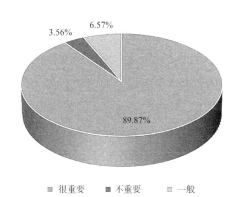

图2.4　公众对城市广场中场所精神表征重视度的调研分析图

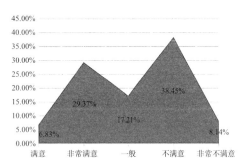

图2.5　公众对城市广场中场所精神表征满意度的调研分析图

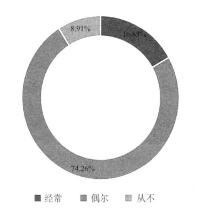

图2.6　城市广场使用频率的调研分析图

上仅为36.20%（图2.5）。

通过调研数据分析得出：公众对当前城市广场景观中的场所精神表征平均满意度偏低，这说明我国城市广场景观的场所精神表征存在很大提升空间，应该积极探求有效的方法和途径，不断提高公众的满意度。

（3）通过对城市广场景观的使用率调研发现：利用闲暇时间经常会在工作或生活场所附近的广场活动的占总人数的16.83%；受场所精神表征品质的影响偶尔在附近广场活动的占总人数的74.26%；而从不会主动在周边广场活动的占总人数的8.91%（图2.6）。

通过调研数据分析得出：绝大部分的公众会受广场景观场所精神表征质量的影响，由于广场的大多数景观环境的质量还不能很好地满足人们心理和行为需求，缺乏吸引力，出现了大部分人对城市广场景观偶尔使用的现象。因此，从"场所精神表征"的角度出发进行城市景观的研究具有巨大的现实意义。

（4）通过对于人在城市广场景观环境中的行为活动目的的调研发现：人们在日常使用中最多的分别是闲逛（54.28%），而休息（32.26%）、锻炼身体（20.67%）、交流聊天（10.57%）则人数较少（图2.7）。

通过调研数据分析得出：超过半数的人会在城市广场景观环境中闲逛，这表明城市广场因有大部分公众的使用而具有建设和提升的意义。同时还可以发现公众在广场景观中的行动目的性很强，对于闲逛的目的性最大，休息的目的性次之，而锻炼和交流的目的性较小，因此应在掌握和把控使用的流动特性和滞留特性的基础上，构建定向和认同平台，为人们的交往行为和驻足休息提供更多的可能性。

（5）通过对城市广场景观主要使用人群的调研发现：退休老人占到了总人数的53.22%，青年群体占到了总人数的18.37%，中年群体占到了总人数的14.57%，学生及儿童占总人数的13.84%（图2.8）。

通过调研数据分析得出：老年人是城市广场景观的主要使用人群，随着中国老龄化的加剧，这个比重还会进一会增加，生活在这个环境中的老年人比起其他人群对城市更有感情，城市的回忆往往更能引发老年人的共鸣，具有场所精神的环境对这个群体更具吸引力，他们是城市文化最重要的传承者和体验者。同时还要积极协调其他使用群体的需求，从人性角度出发，在城市景观的营造中注重记忆性、共鸣性和特有性城市文化的纳入，还要积极丰富景观环境的多样性，注重历史文化和当代文化的结合，以更好地满足各个人群的心理、行为及精神需求。

（6）在对城市广场景观环境特质调研中发现：87.11%的公众认为审美和生态体验感好，74.36%的公众认为能够引发共鸣的景观环境是他们的首选，其次是功能齐全、视野开阔、尺度适宜（图2.9）。

通过调研数据分析得出：人们

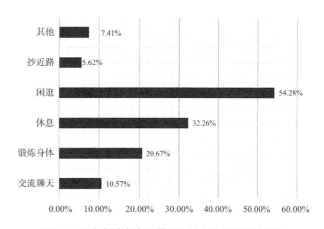

图2.7　公众在城市广场景观环境中的行为活动目的调研分析图

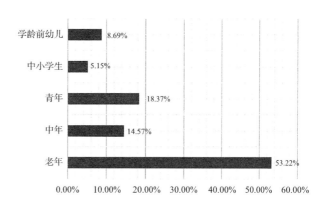

图2.8　城市广场景观环境中的主要使用人群调研分析图

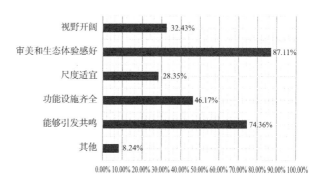

图2.9　城市广场景观环境特质调研分析图

在使用城市广场景观环境时，已不满足于单纯的功能性，更多地关注城市景观美学、生态与文化属性及其引发的情感和精神共鸣，因此对于城市景观场所精神的塑造要给予足够的重视。

（7）在最喜欢停留的城市广场景观环境位置调研中发现：人们最喜欢滞留的位置分别是设置有公共艺术的区域（86.27%）、植物茂盛丰富或有水的生态区域（81.35%）、有水的区域（76.14%）（图2.10）。

通过调研数据分析得出：在城市广场景观中，公众非常喜欢与公共艺术互动，或驻足观看，或合影留念，或各抒己见，高质量公共艺术会对人们滞留产生积极的吸引作用；同时人们也喜欢接近自然，与植物和水亲近，所以大多数会选在植物生长茂盛以及有水的区域驻足；一些人也将广场景观作为临时休息的地方，驻足停留后展开其他行为活动。因此，这三大区域是公众滞留最多的区域，在场所精神表征层面应该给予更多的关注。

（8）通过最能让公众产生记忆的城市广场空间调研发现：具有地域差异性的景观空间占75.63%，具有故事情节的景观空间占69.72%，具有令人心神放松的景观空间占58.02%，公共设施齐全的景观空间占43.58%（图2.11）。

通过调研数据分析得出：具有地域差异性和故事情节的广场空间环境更容易刺激人的大脑神经系统并产生长久的记忆，因此，面对当今我国大量的城市景观"千篇一律"的现状，人们的记忆会产生模糊性和不确定性，若想进一步提升人们的记忆，可以通过场所精神表征增强景观环境的可识别性，塑造差异性的城市景观。

（9）在对环境氛围需求的

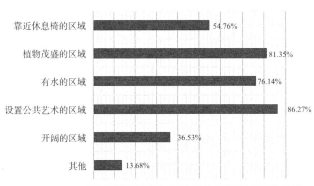

图2.10　城市广场景观中公众最喜欢停留的位置调研分析图

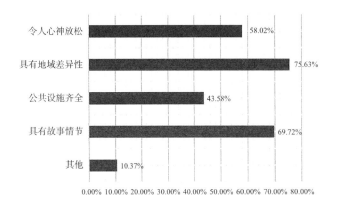

图2.11　最能让公众产生记忆的城市广场空间调研分析图

调研中发展：85.31%的公众希望在城市广场景观中获得文化的熏陶，72.53%的公众希望在城市广场景观中获得生态休闲，56.74%的公众希望在城市广场景观中获得舒适的感官享受，还有31.08%的公众希望获得幽静的聊天环境和27.49%公众希望获得活动和集会的环境（图2.12）。

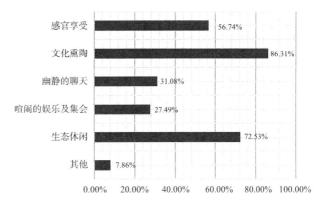

图2.12　城市广场环境氛围需求的调研分析图

通过调研数据分析得出：人们想要获得的并非仅仅是景观环境的表面结构，更加渴望满足的是景观氛围的享受，尤其是对文化氛围的被动式感知。

（10）在对公众理想中具有场所精神特质的城市广场调研中发现，排在前五位的分别是艺术审美、生态环保、情节体验、参与互动、地方归属（图2.13）。

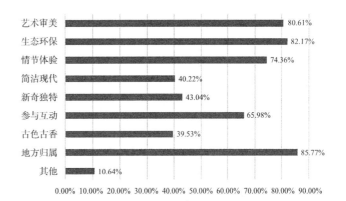

图2.13　公众理想中具有场所特质的城市广场调研分析图

通过调研数据分析得出：艺术审美、生态环保、情节体验、参与互动、地方归属的理想诉求意味着公众对于景观环境的社会和精神功能给予了广泛的关注。

2.3.2 调研的总结与启示

1）调研的总结

通过系统调研总结出：在城市广场景观中，主要的使用人群是老年人、青年人和中年人，因此要注重景观环境的文化性、舒适性和功能性，不断丰富景观环境的各种属性，让公众在亲近自然的同时能进行交流。同时，广场景观具备重要的通行功能，需协调好休憩和交通通行之间的关系。城市广场景观的使用主体是人，应最大限度地体现"人文关怀"，在与周边环境协调统一的同时，还要对人的心理、行为、精神等层面进行重点关注。

通过对调研数据的深入分析和整理，得出以下结论：

　　（1）城市景观环境的场所精神表征要体现"以人为本"，充分体现人的需求；

　　（2）城市景观与周边环境关系密切，需建立"整体观"和"生态观"，对环境氛围进行深入研究，增强城市景观的可识别性；

　　（3）差异性的城市景观塑造出自身的独特识别性，能够很好地解决当今城市"千城一面"的同质化问题；

　　（4）地域性城市景观的灵魂，需要具有人文特质元素的积极渗入；

　　（5）建立良好的人与城市景观的互动关系，充分考虑人对景观的需求以及景观对人的影响；

　　（6）意识到艺术审美在城市景观环境的地域性提升中的重要性，不断丰富公众的艺术需求；

　　（7）积极引入景观环境地域认同性诱因，可以极大提升公众的参与性。

　　2）调研的启示

　　通过对调研数据和调研结果的汇总分析可以得出：绝大多数公众认为城市景观场所精神的表征非常重要，但是公众对其满意度普遍不高，因此，应体现"人文关怀"，从使用者的角度出发进行表征。

　　通过对问卷调查的整体总结可以知道，公众作为城市景观的使用者，非常希望拥有和体验场所精神表征明显的环境，在城市景观场所精神表征层面应充分考虑使用者的心理和行为需求，美学思维在环境中的引入让公众获得了艺术审美的满足；生态观念在环境中的渗透可满足公众与自然的和谐对话；具有主体情节性的环境让公众获得了体验感；交互式明显的环境增强了公众参与的积极性；地域文化差异性凸显的环境让公众找到了归属感。综合调研数据分析以及城市景观地域性重塑的物理、行为和社会三个范畴，应从审美、生态、体验、交互、差异五个维度进行分类研究，使其场所精神表征更具针对性。

2.4　基于城市景观场所精神表征的认同价值取向

　　城市景观是人与人、人与环境活动和交流的公共场所，"人"是使用的主体。丹麦著名建筑师扬·盖尔对此做过非常深入的研究："人的行为只有在所滞留的空间环境中充分满足人们自身和外部的各种需求时，才会主动自发进行。"这说明人的行为与其所在场所特质密切相关，这些特质也是认同价值产生的重要条件。本书从人的感知需求出发，以场所精神表征为目的，以认同理论为导向，通过调研及对相关研究成果的总结，最终归纳出基于当今城市景观场所精神表征的四大认同价值取向（图2.14）。

江南大学杨茂川教授在其专著《人文关怀视野下的城市公共空间设计》中以关注人的精神寄托、心理愉悦为视角，这一视角与建筑现象学中的场所精神的关注高度一致，也是围绕人的方向感和认同感两大内容进行的研究，通过系统的调研和数据分析，总结出"在'人文关怀'视角下，公众对当今城市景观的诉求主要集中在差异性、情节性、互动性和休闲性四个方面的价值取向，因此应包含归属感、体验感、交互性和休闲性四个层面的设计取向"[1]。这为本书建构当今城市景观场所精神表征的认同价值取向提供了重要参考。

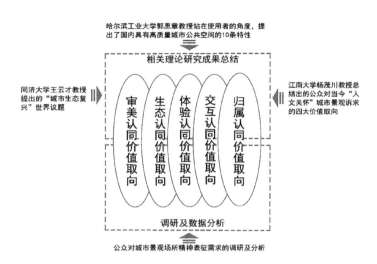

图2.14　当今城市景观场所精神表征的认同价值取向

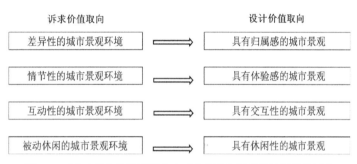

图2.15　"人文关怀"视野下公众对当今城市景观的认同价值诉求

但笔者认为杨茂川所提出的休闲性本身就具有归属性、情节性、交互性的特质，从相互涵盖关系上来看，可以不单独作为一个方面。归属感、体验感和交互性可作为当今城市精神场所表征维度的重要组成部分（图2.15）。

哈尔滨工业大学建筑学院郭恩章教授站在使用者"人"的角度，根据我国的国情，从场所精神的营造出发，提出了国内具有高质量城市公共空间的10个特性，分别是"识别性、社会性、舒适性、通达性、安全性、愉悦性、和谐性、多样性、文化性、生态性"[2]（表2.4）。郭恩章教授所提出的10个特性涵盖了杨茂川教授所提出的当今"人文关怀"视角下城市景观建设的四个维度，这为本书当今城市景观场所精神表征的维度建构提供了重要的导向。同时郭恩章教授在其舒适性标准里提及

① 杨茂川，何隽.人文关怀视野下的城市公共空间设计[M].北京：科学出版社，2018.

② 郭恩章.高质量城市公共空间的设计对策[J].建筑学报，1998（3）：11.

郭恩章教授所提出的国内具有高质量城市公共空间评估的10个特性　　　　表2.4

特性	含义
识别性	具有个性特征，易于识别
社会性	基本特性，大众共创与共享
舒适性	环境压力小、身心轻松、安逸
通达性	方便，既可望又可及
安全性	步行环境，无汽车干扰，无视线死角，夜间有照明
愉悦性	有视觉趣味性和人情味，环境优美、卫生
和谐性	整体协调、有序
多样性	功能和形式灵活多样，丰富多彩
文化性	具有文化品位，有利于精神文明建设
生态性	尊重自然，尊重历史，保护生态

来源：郭恩章. 高质量城市公共空间的设计对策[J]. 建筑学报，1998，48（3）：11.

了美观的内容，美观应该是城市景观建设不可或缺的重要组成部分。古罗马建筑大师维特鲁威曾经在《建筑十书》中提到："建筑应当造成能够保持坚固、适用、美观的原则。"[①]基于风景园林与建筑的密切渊源，以及当今公众在满足了基本的物质需求之后，开始诉求更高的审美和精神需求的状况，对于审美价值的表征也应是城市景观场所精神表征维度的取向之一。

　　同时，同济大学王云才教授提出："城市是人类创造的最伟大的文明之一，也成为人类居住、生产和生活的共同乐园。作为人类共同的乐园与憧憬，共同奋斗并绘就的城市图景应当是什么？随着我国城市化的快速发展，以及城市、大城市和城市群带的进一步拓展，这个问题成为摆在大家面前的重要课题，'城市生态复兴'就是在这样的背景下被提出的世纪议题。"[②]生态性也是郭恩章教授所提出的国内具有高质量城市公共空间评估的10个特性之一。虽然杨茂川教授在其专著的归属性部分提及了生态设计，但未作为重点。笔者认为从当今我国"城市生态复兴"的重要性上来讲，生态性应作为当今城市景观场所精神的重要表征维度之一。

　　综上所述，以及根据前面对当今城市景观场所精神缺失的主要原因和主要层面的研究，可以从审美、生态、体验、交互、归属五个方面建构起城市景观场所精神的表征维度（表2.5）。

---

① 维特鲁威.建筑十书[M].北京：北京大学出版社，2017.

② 王云才.城市生态复兴[J].城市建筑，2018（33）：4.

城市景观场所精神的表征维度框架表　　　　表 2.5

表征维度	表征内容	表征特性
审美维度	美观	愉悦性
	形式多样	多样性
	整体协调有序	和谐性
生态维度	尊重自然	生态性
	尊重人文	
体验维度	公众共创	社会性
	公众共享	
	趣味性	愉悦性
	交通通达性	通达性
	视觉通达性	
交互维度	活动多元化	舒适性
	感官多维度	
	情感共鸣	愉悦性
	功能多样	多样性
	行为安全	安全性
	心理安全	
归属维度	独特性	识别性
	辨识性	
	文化品位	文化性
	文化活力	

2.4.1　审美认同价值取向

"美是人们创造生活、改造世界的能动活动及其在现实生活中的实现和对象化。"[①] 审美的过程贯穿城市建设的始终,"城市的美化运动实际上是人们规律性与目的性相一致的生活和实践的过程,在过程中人们将自己的力量和理想渗透其中,从而引起了精神上的愉悦和满足,产生了美感。"[②] 由于人们在实践过程中遵循的规律及目的性不同,因此美感的产生也具有了地域性,不同的形式美感传达出不同的场所精神。

---

① 王朝闻.美学概论[M].北京:人民出版社,1998.

② 陈宇.城市景观的视觉评价[M].南京:东南大学出版社,2006.

图2.16　我国古代岩画

图2.17　溪山行旅图

1）审美认同的产生

从审美对象的角度来看，人们最初欣赏的是与社会生产和劳动实践直接相关的社会美，社会美包括与之相关的物质要素，往往是与劳动相关的自然物，如土地、山川、河流、动物、农作物等，带有明显的物质生活需求色彩，例如一些古代岩画中我们可以看到这一时期社会美的存在（图2.16）。随着社会的进一步发展，超脱单纯物质需求成为审美关注的主要对象，如六朝时代的山水诗、宋朝以来的山水画等都是对自然美的展示（图2.17）。

随着审美对象与人之间的物质需求关系逐步衰减，其形式的属性开始突显出来。美必须依靠形式才能表现出来，相较于内容，美的形式更具独立性和个性。人们在城市景观场所精神营造中就是通过劳动实践赋予景观以特定的形式，满足人们对美的关注和享受，马克思说过："劳动是赋予形式的一种活动。"[1] 人们通过实践改变事物的外部形态，形成新的形式，这种形式又具有独特性，从美学角度来看，形式美就是地域性审美的认同体现。

2）审美认同价值的认知

城市景观作为城市形式美的外显，在人们日常的视觉和心理审美认知层面占据重要的位置，首先通过对人们视觉审美的刺激，引发心理审美的深入，最终形成人们对城市景观审美维度的感知认同。

---

① 马克思著.1844年经济学哲学手稿[M].北京：人民出版社，2017.

人们对于城市景观审美维度的认知主要指的是通过个体的行为对城市景观进行体验，完成对城市景观的地域性审美的感知过程。城市景观的地域性审美感知度往往会受到色彩、造型、肌理等形式美因素的影响。不同地域、不同时期的人对形式美的感受存在差别，同时对美的敏感度和关注点也不同（图2.18）。如东方人的审美倾向感性，而西方人的审美倾向理性；有的人对形式美很敏感，有的人相对很弱；有的人关注造型，而有的人对颜色更感兴趣。随着城市规模的不断扩大，城市的整体形式美越来越难以把握，城市的视觉边缘越来越模糊。因此，人们对城市审美的关注点逐步转向城市的内部和局部，城市景观作为城市内部的审美对象，从物质属性到精神属性，从城市的方方面面都具有了更多的意义，人们通过城市景观的特定形式美找到自己的感性寄托。

著名作家陈祖芬在《家》一文中描写回到离别五年的家乡时的心理活动："街道两旁的法国梧桐，在街中间交叉起来，掩映着整条街道。路灯从梧桐叶的缝隙里透射下斑驳的光，煞是朦胧迷离。这是我们在上海生活时看惯的街景。我上海老家所在的街道就是这样的！一种异乎寻常的温暖感拥抱着我。"[①] 街道中各种景观元素所呈现的地域形式之美引发了作者的情感追忆和共鸣。

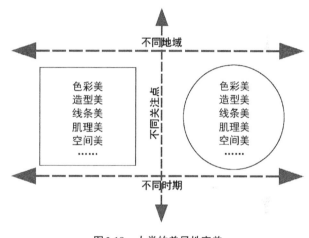

图2.18 人类的差异性审美

独特形式美价值是有共识的，在生活的方方面面都能体现，形式优美而富有个性的城市景观会得到公众的高度认可，例如在旅游业中，公众会被世界各地多姿多彩的城市景观吸引，虽然短暂的旅游对城市的了解有限，但是通过特定的形式美感可以让他们对具有独特地域性的景观风貌有最为直观的感受。

3）审美认同价值的表征意义

F.吉伯德曾在其专著《市镇设计》中提出："功能和美是建造城市的两个主要问题，城市中的美不是事后考虑的事情，它是一种需要。"[②] 美伴随在城市的历史和发展演变过程中。形式美的精神表征主要体现在"地域美"的塑造中，具有地域性形

---

① 邓久平.谈故乡[M].北京：大众文艺出版社，2000.

② F.吉伯德.市镇设计[M].北京：中国建筑工业出版社，2017.

图2.19　威尼斯鸟瞰图

图2.20　安东尼·卡纳列托笔下的威尼斯

式美的事物往往会让人感到亲和。城市中具有地域性的形式美可以从众多的文学作品和绘画雕塑作品中看到。例如巴比伦、耶路撒冷和阿波罗神话中的"黄铜城市"、中世纪后期圣坛画像中出现的城市景象、梅里安所创作的城市景象版画作品等，都通过文学和艺术语言对独特的城市形式美进行了描绘。无论是国外四大历史名城的威尼斯、伦敦、巴黎、君士坦丁堡，还是中国的北京、南京、西安、成都、重庆等城市，都因具有特色鲜明的形式美而让公众情有独钟。例如，威尼斯在11世纪初步形成，在12世纪进入繁荣期，最终在13世纪完全形成，城市形式至今也没有大的改动和变化（图2.19），威尼斯因其独特、优美的城市形式吸引了众多的公众，许多艺术家通过绘画的形式语言对城市之美进行表现，如18世纪威尼斯的画坛泰斗安东尼·卡纳列托的大部分绘画作品都以威尼斯的景观作为题材，展现出威尼斯特有的城市风貌（图2.20）。

无论是对哪种形式的注重和追求，都应满足公众审美体验的需求。城市景观的形式美通过视觉感受，而与人的内心达成共鸣，这种感受与个人的生活经验及社会角色结合在一起，让具有个性的形式美成为城市景观场所精神的表征维度。同时我们还意识到，形式美不是单纯的视觉享受，而是要与地域环境相适应，满足人们的心理和行为需求（图2.21）。

2.4.2　生态认同价值取向

1）生态认同的提出

生态环境包括自然生态环境和人文生态环境。当今中国的自然生态环境和人文生态环境都受到了严重的破坏，诸如在自然生态方面的水土流失、沙漠化、森林及草地功能衰退等，在人文生态方面的文物古迹破坏、城市风貌白板化、过度崇洋媚外等问题，这些都已严重威胁人在环境中的定向感和认同感（图2.22）。

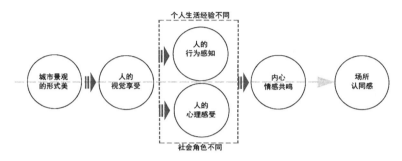

图2.21　审美认同价值取向的城市景观场所精神表征

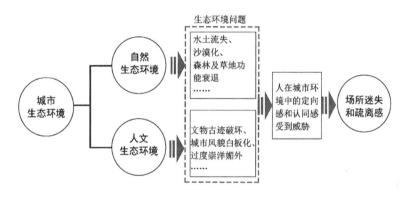

图2.22　生态认同价值取向的提出

如今城市景观的生态问题受到了广泛的关注，美国、加拿大以及日本和新加坡等国家城市景观的生态建设开始以整体观、生态观为指导，并在建设生态城市景观的前沿领域取得了优异的成果，见表2.6。

国外在建设生态城市景观的前沿领域已取得的优异成果　　　　　　　表2.6

人工生态建设方面	自然生态建设方面	人文生态建设方面
城市景观中的公共设施、道路等人工因素与自然生态因素的密切联系，控制人工因素的无限扩张，主张"和谐"的建设模式	加强城市郊区或边缘的缓冲区建设，诸如江湖河道、海岸线、国家风景区等，从而形成良好的动植物生态走廊等	积极加强历史遗址和遗迹的保护、传统文化的传承与复兴、城市风貌控制等，从而全面构建起人文生态的建设与保护格局

2）生态认同价值的回归

城市景观场所精神表征的生态认同价值是指必须保持自然和人工环境中动植物等所有有机体生存发展的生态价值，确保城市景观生态系统的平衡，从而让人在生态环境中形成良好的归属感。虽然城市景观中的自然要素具有人工性，但同时也具有美学和生态价值。在生物学领域中，"生态"的概念是指个体生物与其他生物组成的群落之间的关系，而在城市景观中，"生态"的概念不仅指个体与整体的关系，也包括公众与城市景观中其他生物组成的群落关系。城市景观中最主要的人工要素是构筑物，而为公众提供舒适和理想的地域性空间环境正是城市景观生态价值观的主要表现，并且强调不危害其他地域性生物的生存环境，最好是能够有利于其他生物有机体的生存。在城市景观场所精神表征中，必须权衡环境的承受能力，全面考虑整体景观环境生态平衡的构建，实现城市景观环境的生态回归。

3）生态认同价值的表征意义

我国城市化的快速发展导致了一系列的生态问题，生态价值维度的重视有利于城市景观的地域性呈现和居民生活质量的提高。我国的很多学者也在积极探索城市景观的生态建设之路，如钱学森先生曾提出"山水城市"的理念，这一理念在学术界引起了广泛的关注。目前，众多城市已开始重视建设生态景观，城市景观面貌有了很大的改观，但是有一些城市景观的建设没有真正搞清可持续景观环境建设的内涵，只是单纯停留在增加绿化率上，这种现象必须改变。大量的生态建设实践证明，良好的生态城市景观有助于城市的可持续发展，特别是在恢复城市景观风貌和地域文化特色层面具有极大的价值意义，可最大限度地进行场所精神表征。

2.4.3 体验认同价值取向

城市景观场所精神表征的体验认同价值取向主要是指公众对景观环境情节性的体验。"所谓的情节性是指在时间和因果关系上，意义有着联系的一系列事件的符号再现。"① 地域性城市景观环境中的情节性是指通过地域性的情节语汇的呈现，运用讲故事的方式塑造特殊的情节式环境，人们在体验景观环境的过程中，经过人们的认知活动产生一系列的对地域性事件或故事的记忆和联想。

1）体验认同的形成

城市景观的体验性首先要有特定的场所，同时还要有构成情节性的各种语汇，场所和语汇是城市景观情节性传达的表意空间和单元。一花一世界是对空间的隐喻，一木一春秋是对时间的蕴含，特定的语汇带有潜在的特殊感受寄寓。城市景观的构成元素作为语汇的物化载体之一，会给人带来多样的形象体验，也促使着各种

---

① 程锡麟.叙事理论概述[J].外语研究，2002，73（3）：13.

事件的发生，引发人们的丰富联想。场所环境中的情节性语汇需要有特定的组织编排和构成关系，语汇之间存在内在关联。通过一定的组织关系和表达方式，可以将情节性传达得更加清晰明了，同时富有个性。情节性语汇的组织编排结构包括物质形态结构和精神形态结构，点、线、面、体的规律性穿插构成物质形态结构，呈现方式、形质和内涵等构建出精神形态结构（图2.23）。

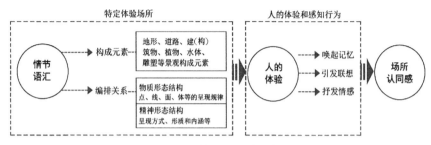

图 2.23　体验认同的形成

2）体验认同的组合关系

城市景观环境通过体验语汇元素的编排和组合，形成一个有机复合的整体，从而使整个城市景观环境具有独特的感染力。组合关系指的是各语汇元素之间的关联，在城市景观的场所精神表征中，要进一步建立和加强各体验语汇元素之间的关联度，加强人们参与其中进行行为体验和心理感知的可能性、主动性和积极性，构建"人—地—情"之间的良好互动，让不同的人群共同享有城市景观环境所营造的特有的叙事情景场所（图2.24）。

体验语汇的组合不是单纯的事件复合的排列和叠加，而是统一在特定意义系统下的有序编排。在一定的城市景观场所环境中，通过对情节性元素的提取和筛选，运用语汇元素的精神形态结构规律，创新司空见惯的物质形态结构，这都是保存和传承地域性记忆的有效方法，通过情节性的传达，引发公众更多的关注和思索，进而激发出体验者更加丰富和独特的回忆和联想。情节性语汇的组织结构关系实际上是人的心理和行为体验需求的反馈，语汇元素虽然是各自独立的，但是通过特定的组合构成整体便会产生特色迥异的地域性景观环境氛围。

图 2.24　"人—地—情"
良好互动

3）体验认同价值的内涵表达

首先，城市景观中体验维度的内涵通过特定的主题和角色进行表达，构建具有内涵的体验性景观环境不是单纯将语汇元素物化成符号，并对这些符号进行片段式的拼凑和堆积，而是要形成具有特定情节性的主题和角色，并将主题和角色结合语汇做关联度分析，注重主题和角色的过程性表达。过程性认为任何一个完整的主题都是由无数的中间过程来诠释的，因此可以采取层次性、递进式的语汇表达方式，让公众在城市景观环境的参与过程中得到渐进式的体验和感知，带给他们变化丰富而且记忆深刻的地域性归属感享受（图2.25）。

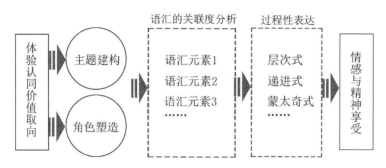

图2.25　体验认同价值取向的内涵表达

2.4.4 交互认同价值取向

交互性最早用于工业设计领域，随着"人性化"的提出，逐步渗透到社会各个领域，与城市景观设计结合，注重强调城市景观的互动性。因此，所谓的交互性城市景观是指具有互动性特征的景观场所，它从人的生理及心理需求出发，具有参与性特征，可满足不同层次的使用者对地域性景观的体验需求，建立"人—场所"的良好互动交流关系（图2.26），即地域性城市景观对人的吸引和人对地域性城市景观的参与。

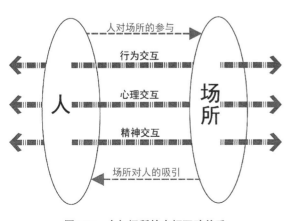

图2.26　人与场所的良好互动关系

1）交互认同的提出

交互认同，从字面上理解就是"交流和互动"的认同。交互性的城市景观要注重交流的内涵和方式，内涵即地域性的蕴含，方式即呈现的手段。地域性城市景观时刻都在与人产生着互动关系，并借助景观环境中的地域性物化元素来体现。例如城市景观中的公共艺术，注重使用者的感官和心理体验，强调的是一种使用者和地域文化的交流互动，从使用者的角度来讲，这是一种有效的让其进行地域性体验的景观设施和手段，通过打破原来的"一对一"传统交互式模式，探索和发展"一对多"的新交互手段，提升城市景观的吸引力和感染力。当今多媒体交互式技术的发展，为城市景观场所精神表征提供了广阔的前景，可以为个人带来新的认同体验和感受。

2）基于环境认知的互动认同表达

环境认知学属于环境行为学的重要理论分支，主要是研究环境对人们的心理层面的影响，并以环境与人之间的相互作用为研究对象。环境认知过程就是从环境中获取信息的过程，人对于环境的认知实际上就是人与环境互动关系的建构过程。城市景观场所精神表征需要对环境认知的方式和过程有一个全面的了解，了解认知是城市景观场所精神表征的先决条件，环境认知的积极介入将构建人与场所的良好互动，有助于人们更好地去了解环境的场所特质。对环境认知的掌握可以加强对城市景观互动性的识别，大众的认知方式是城市景观互动性建构的理论基础，以城市景观的场所精神意象作为互动性认知的对象是刺激和诱发互动性行为的有效途径，同时互动认同行为的产生也将极大提升城市景观环境场所精神的表征力。

人在城市景观中的行为是从"感觉"到"知觉"到"认知"最后反馈到人的行为上来的一系列对场所的心理加工过程（图2.27）。通过对人们认知方式的掌握，可构建城市景观场所的互动

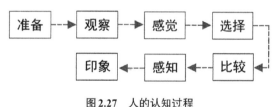

图2.27　人的认知过程

特质，形成城市景观场所的"认知地图"。"认知地图"是凯文·林奇在《城市意象》一书中提到的，它是用来让人们感知和识别城市环境意象的重要方式。景观环境意象指的是景观环境在人的意识中形成的可被回忆的形象，林奇列举了城市意象理论的城市构成要素：路径、边界、区域、节点和标志，并认为城市应该具有可识别性。"认知地图"的介入可对城市景观场所要素进行合理的互动性设计，形成更加清晰和层次结构明晰的可识别性城市意象。

3）交互认同价值取向的表征意义

交互式认同价值取向的城市景观场所精神表征不单纯是满足物质功能层面的互动性需求，更重要的是塑造高品质的地域性景观环境，最终满足人们的精神互动认同需求。互动式认同景观元素作为一种意象符号，通过可识别性的差异，以及与地域环境的融合，传递着历史、情感、精神、价值观等意义上的场所精神信息。

2.4.5　归属认同价值取向

城市景观场所精神表征的归属认同价值取向主要体现在地域的差异性中。中国有着辽阔的地域、悠久的历史和众多的民族，正是这种自然和历史的差异性，汇集成了中华民族的地域性归属价值。《晏子春秋》记载："橘生于淮南则为橘，生于淮北则为枳，叶徒相似，其味不同，所以然者何？水土异也。"[①] 事物生长环境的不同表现出明显的地域差异性，景观特色便是人们在长期的生产和生活实践过程中受地域性的自然和人文共同作用而形成的，因此地域性景观具备认同价值的特质。差异性是普遍存在于物质世界及其运动发展中的一种规律属性，也是事物存在的基本形态。

1）城市景观中物质属性的差异性认同

城市景观环境中物质属性的差异性主要体现在形、色、质三方面，每一方面都会因为对比的存在而产生差异性。就城市景观环境的形态而言，因不同地方的自然环境、区位条件、功能及主体文化的影响表现出"形"的差异性；景观环境中的色彩会刺激人们的视觉，人们通过对色彩的色相、明度和纯度等物质属性的把握，产生一定的感受和联想。如蓝色会让人联想到天空和海洋，给人以安静、永恒和理智的感受；绿色会让人联想到森林，给人以希望、新鲜与平和的感受；红色则会让人想到火焰，给人以激情、热烈和警示等。同时城市景观环境中所用的材质由于尺寸、肌理、色泽的不同也给人以差异性的感受，并产生富有个性的景观效果。如木材让人感受到温暖，而石材则会让人感受到坚硬；铜会让人联想到历史的厚重，而不锈钢则会让人感受到现代的气息。

2）城市景观中社会属性的差异性认同

中国的地域环境气象万千，自然和人文的差异性造就了社会属性的差异性。不同地域、不同民族在不同时代创造了多样的文化，世代相传或与不同区域和地方交融，从时空角度进一步丰富和发展了各自的文化，正是因为差异性的存在才使得各自的文化在"全球化"的当代社会背景中愈显重要。地域文化中那些区别于其他文化的独特面正是在特定的地域环境中孕育出的，是社会中自然环境和人文环境共同作用的结果，因此地域文化具备了人们生存的社会特性，并反映在人们的社会实践中，体现出自然和人文的双重社会属性。地域文化由于具备了不同的社会属性而具有了差异性，这种差异性便在人们的心理层面产生了"可识别性—认同性—归属

---

① 汤化译.晏子春秋[M].北京：中华书局，2015.

感"的心理反应。

3）差异性认同在城市景观场所精神表征中的重要性

在城市景观场所精神表征中，差异性特质发挥着极其重要的作用，通过差异性景观环境的营造，可以将地域性品格充分显现出来，带给人们亲切的体验，归属感也由此产生。所谓的归属感是长期居住在特定区域中的群体，受区域所特有的自然、文化、情感、习俗等影响而形成的认同、喜爱和共鸣。通过增强这些因素的可识别性，可以进一步提升城市景观环境的归属感。约翰·奥姆斯比·西蒙兹提出城市景观环境是容易产生归属感的地方之一，在城市景观场所精神表征中应尊重差异、传承差异、发展差异，营造更加富有认同感的城市景观（图2.28）。

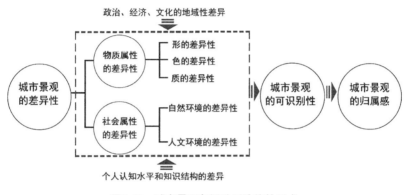

图2.28　城市景观归属认同价值的形成

2.5 公共艺术的场所效应与场所精神表征语境

2.5.1 公共艺术的场所效应

公共艺术是置于城市景观场所中的艺术，因此与场所建立起了相互影响、相互补充的良好关系，形成了公共艺术场所效应，这是它区别于其他架上艺术形式而能够进行场所精神表征的显著特征。场所效应可以概括为以下几点：

1）延续场所历史文脉

"公共艺术对城市历史和地域文化的传承和发展，是彰显场所精神文化内涵的重要手段，故而通过公共艺术的介入，可以使城市文脉得以延续。地域文化是城市景观场所重要的表现内容，公共艺术与城市中的建筑和景观从一开始就与城市文化共同生长，直至建成，在一定程度上也是与本土文化不断磨合的过程。"[1] 当公共艺

---

① 阴玉洁.城市设计中的场所精神营造[D].太原：太原理工大学，2015.

术适应场所中的历史文化发展时，便具有了相应的地域性特质，人们在感知过程中产生情感共鸣，唤起对场所文化的定向和认同，城市历史文脉也得以不断继承和发扬。正如美国著名建筑学家沙里宁所说："城市是一本翻开的书，走进它，就能看到它的志向与抱负。"[①] 而公共艺术在这本书中往往是非常显著的字眼，人们通过对场所中公共艺术的解读，就能形象地感知到生生不息的历史文脉所在。

2）营造积极的社会交往场所

现代城市景观场所已不再具有神秘的宗教意义或仅为某一部分统治阶级单独享有而进行设计，公共艺术也由"神性"和"精英"艺术演变为"人性"和共同享有的艺术。当今城市生活越来越智能和虚拟化，在一定层面上造成了人群活动和见面交流的行为越来越少，在城市景观场所环境中驻足的人逐步流失，人们慢慢失去了原有的存在感。公共艺术的介入，可以有效激发场所的活力，实现认同的回归，构建起具有共识性的公众社会交往场所。

3）塑造整体场所特质

场所特质不同于场所中简单的形体和空间特征，是内在品质的表达。凯文·林奇认为场所精神即场所的地方特色，场所中的道路、边界、区域、节点和标志等城市意象元素都是公共艺术可介入的关键元素，公共艺术通过造型、色彩、结构、材质、风格等来实现对城市意象元素的特质彰显。从一个区域到整个城市，公共艺术以"点、线、面"的网状布置方式介入城市意象构成元素中，因此也决定着整体场所特质的塑造。

4）满足场所中公众的实际感知需求

场所环境中人的感知需求包括行为需求和心理需求两个方面。公共艺术以满足人的感知需求为出发点，营造一种符合人们心理和行为活动需求的场所氛围，在精神层面实现人与场所的对话，赋予人们以认同感和归属感。公共艺术通过形体和空间的塑造，首先可以满足人们视觉、听觉、触觉等直观感觉的需求，从而引发更加综合性的整体行为活动，并产生意识、情感等一系列心理活动，最终满足人们的综合感知需求，唤起人的心理共鸣，由此形成认同感。

2.5.2 公共艺术的场所精神表征语境

公共艺术作为城市文化的物化载体及人与环境关系的纽带，置于特定的城市景

---

① 伊利尔·沙里宁.城市：它的发展、衰败与未来[M].顾启源译.北京：中国建筑工业出版社，
1986.

观环境中，因此在进行公共艺术创作和研究时必须置于特定的"语境"中，在体现人文关怀认同感塑造的前提下，进行场所精神的表征。"布查楠（Buchanan）认为城市景观的'语境'不仅指的是'近邻的周边区域'，而且还应该是'整个城市，甚至包括城市的周边区域'，包括土地利用模式和性质、地形学、历史和象征意义，以及其他社会现实与渴望。"[①] 一座城市的场所性是指该区域在长期的生存、发展和演变过程中由自然地理环境、建筑、街道、广场以及人们的价值取向、生活方式、宗教信仰、民风民俗等诸多因素复合而形成的场域氛围，即公共艺术的存在语境。公共艺术能够以直观的、具体的方式让我们对城市的自然形态、物质形态、生活形态以及文化形态形成形象认知，进而从更深层次上以理性方式感悟城市的文化个性和精神内涵。

笔者认为，为深入研究公共艺术在城市景观场所精神表征层面的价值，应处理好以下几个方面的问题：

1）公共艺术与公共精神的关系

城市是包括公共艺术在内的各项城市设计和文化艺术赖以生存的母体，公共艺术也是城市理想和精神的伴生物，并与各项城市元素产生密切的关系，尤其是公共精神。公共精神是公众在特定历史背景下共同的精神诉求，公共艺术只有与公共精神发生关系，才具有了存在的意义和价值。

2）公共艺术与整体的城市景观环境元素的关系

城市公共艺术置于特定的城市景观公共空间中，并在实际功能和价值体现等方面与其所在环境中的自然和人文元素存在着整体的影响关系，因此，公共艺术与整体城市景观环境的密切联系与协调，是公共艺术进行场所精神表征的重要环节。

3）公共艺术与人的关系

从公共艺术的广义概念出发，以满足公众的共创和共享需求，"把公共艺术的创作理念归结为服从社会公共福利需求的指引，服务于以人为本的物质文化和审美文化创造的需求"[②]。因此，通过公共艺术对城市景观场所精神进行表征，要充分强调人的参与、体验和感受价值，构建人性化的城市文化感受平台，进一步增强公众对城市的"集体记忆"、文化认同和归属感。

① Matthew Carmona，Tim Heath Thaner Oc，Steven Tiesdell.城市设计的维度[M].冯江等译.南京：江苏科学技术出版社，2005.
② 汪峰.数字背景下的公共艺术及其交互设计研究[D].无锡：江南大学，2010.

2.6 公共艺术介入城市景观场所精神表征中遇到的问题

目前，我国对于公共艺术的研究处于起步阶段，大多是依托西方发达国家已有的公共艺术建设模式和经验或是简单套用国内某些规范，在公共艺术实际建设项目中大多采用强行暴力介入、过度或过少介入或随意介入等方式，忽略了"城市景观—公共艺术—人"三者之间的关系协调，造成公共艺术等介入城市景观场所精神表征中的种种问题（表2.7）。

公共艺术介入城市景观场所精神表征中出现的严重问题　　　　　　　表2.7

"因地制宜"的欠缺	"因时制宜"的忽视	市场导向错误	长官和精英意识的专行
建成的公共艺术与所在的景观环境格格不入，未能在地域环境适应性层面进行深入研究	打着"文化复兴"的口号照搬照抄古代雕塑，未能顺应时代的创新	社会的盲目需求造成批量生产的雕塑公司大量存在，未能站在公众的实际需求角度进行市场定位	忽视对于公众的关注和考虑，未能从"公共性"的角度强化介入过程的民主性

2.6.1 因地制宜缺失

因地制宜的缺失造成了环境观的忽视和公共艺术的雷同。"在公共场所中，公共艺术与环境中的诸多因素——建筑、绿地、人、天空形成了一个复杂的组织关系。"[1]公共艺术是设置在城市景观环境中的艺术，与景观环境中的各种环境要素发生关系，包括物质环境要素和文化环境要素，创作时既要充分协调所在环境中的建筑、绿化、水体、铺装等物质要素，又要注重地域文脉的纳入。但是，公共艺术发展到今天，还有许多作品与景观环境不匹配。城市建设的同质化导致了公共艺术的雷同化，国内许多城市给人以"千城一面"的感受，在实际建设过程中很少考虑"因地制宜"的问题，致使在城市景观环境中的公共艺术大同小异，并呈现模式化、产品化的不良倾向。比如，遵循固有的模式，在每个城市的中心广场建一座标志性城市雕塑，并一味认为城市雕塑越大越好，而且城市与城市之间相互攀比、效仿，以至失去了应该表达的地域特征和文化特色，从大处讲就是遗失了城市最宝贵的地域资源。其中有政府行政部门决策和城市景观规划建设的问题，也有创作者缺乏环境整体观的问题。随着城市景观环境建设要求的提高，这一问题更加突显。

从政府部门和景观规划层面来看，许多城市为了能够迅速提升自身的形象及文化

---

① 何力平. 为雕塑凿七个孔 [M]. 北京：人民出版社，2010.

品位，大搞"面子"工程，出现了规模庞大的西式广场、让人瞠目结舌的景观大道、崇洋媚外的欧陆风步行街等，同时为了显示和提升文化艺术品位而配置了价格低廉、水准一般的城市公共艺术，人们随处可以看到仿照欧美之风的城市雕塑。原封不动地把古希腊和古罗马的雕塑放到城市景观环境中，丧失了公共艺术应有的生命活力和内涵，造就了一种文化拼盘式的快餐，看似热闹，实则对本土地域文化造成了严重的破坏。

还有些城市大搞"标志性"雕塑，但是出现了与所在城市环境失调的现象，著名雕塑家何力平教授提到深圳蛇口四海公园里的《盖世金牛》时说："作品引入剪纸、装饰、绘画方面的一些特色，应该说是一种大胆的尝试，但是作品片面追求尺度巨大，使狭小的场地一下子变得拥堵，对周围环境形成了一种压倒之势，人们站在巨大的雕塑面前被托着金元宝的牛压得根本喘不过气。当人们远观时，在金牛的下面，那些低矮的树丛、纤弱的水边亭子都呈现出一种滑稽的弱势。"[①]

诸如此类的公共艺术项目不仅给国家造成了大量的资金浪费，而且有一些成了城市景观中新的的"视觉垃圾"，引起公众的强烈不满。因此，应因地制宜，进一步强化公共艺术作品与环境的协调统一，真正体现公共艺术介入的价值和意义。

2.6.2 因时制宜的忽视

因时制宜的忽视造成了传统文化符号的照搬滥用，许多公共艺术中尴尬的中西合璧的"不伦不类"现象已让公众嗤之以鼻，打着"弘扬历史文化"的旗号滥用传统让人不堪忍受。封建社会衙门门口放置的显示威严和公正的石狮、象征权力和神圣的各种龙纹雕塑、代表儒释道文化的各种造像、具有富贵如意象征的麒麟瑞兽等，统统照搬拿来，还是粗制滥造，不加思索地应用到各种城市景观环境中。笔者走访中国"石雕之乡"河北曲阳，实地考察时发现类似的石雕比比皆是，据了解，生产此类雕塑的工厂大大小小保守估计有1000余家，其中还不包括一些家庭小作坊。通过与相关企业负责人和工人交谈，了解到此类石雕的制作，无论在技术上还是理念上都处于落后的状态，停留在普通石匠工人对事物简单的模仿和复制层面。据介绍，该类石雕近年来需求量很大。社会需求繁荣的背后蕴含着城市景观环境中石雕作品的"千篇一律"，更是对当代城市地域性文化多样性的破坏。

清代著名国画大师石涛提出："笔墨当随时代，犹诗文风气所转。上古之画，迹简而意淡，如汉魏六朝之句然。中古之画，如初唐盛唐雄浑壮丽。下古之画，如晚唐之句，虽清丽而渐渐薄矣。至元，则如阮籍、王粲矣。倪黄悲如口诵陶潜之

---

① 何力平.为雕塑凿七个孔[M].北京：人民出版社，2010.

句，悲佳人之屡沐，从白水以枯煎，恐无复佳矣。"他强调笔墨应该随着时代的发展而发展，在临摹和学习古人的基础上创新。正是因为有了创新的发展，绘画艺术才彰显了特有的生命力，而那些一味抄袭和模仿前人的作品，最终因为没有新意并违背时代发展规律和审美习性而被掩埋和淘汰。公共艺术创作领域亦是如此，不能单纯复古、模仿和照抄，应该因时制宜，与当今的城市品质和公众习性相匹配，这样才能彰显地域风貌和时代精神。

2.6.3 市场的错误导向

市场的错误导向，首先造成了粗制滥造现象的大量存在，类似建筑行业中的"豆腐渣工程"。由于公共艺术的相关介入理论还未有效建立，建设的过程中缺乏科学性和规范性，盲目性、随意性和主观性比较大。同时，监管和约束机制的缺失，导致公共艺术市场秩序混乱，大量看不懂的"抽象雕塑"呈现在大中小城市的街头巷尾，有些地区还出现了许多专门批量配套生产这类雕塑的小公司和小加工厂。据笔者调研，这类加工厂在全国有 2000 余家，主要集中在河北、福建、上海、南京、深圳等地，因为这类雕塑"放之四海而皆准"，价格低，工期短，更有甚者，许多小加工厂还将生产的各种类型的"抽象"雕塑刊登在一些有影响力的国家级杂志上进行宣传。已建成的公共艺术水平良莠不齐、鱼龙混杂、公众认可度不高，甚至过于低俗媚俗，严重影响城市形象。

2.6.4 "精英"意识独行

公共艺术应该最大限度体现"公共性"，不断强化"以人为中心"的建设理念，深化公众的参与意识。但在当今的公共艺术实际项目中"精英意识"仍然起着决定性作用。

精英意识的独行主要体现在艺术家"以自我为中心"的艺术创作理念，他们认为自己的艺术标准就是公共艺术的评价标准，要求公众必须被动接受，以"精英的权力"驯服大众的"默同"，艺术作品以"自律性"的方式矗立在那里，像是一个哑巴一样让公众不知道它要表达什么，这显然违背了公共艺术的"公共性"。"公共雕塑不是雕塑家按照自己的个人审美，或者艺术家和国家把某种审美的或政治的观点强加给人民。"[①]尤其是在文化和美学多元化的时代，"市民意识"不断觉醒，公共艺

---

① Curtis L, Carter. Sculpture，in The Routied Companion to Aesthetics. Berry's Gaut and Dominic Mciver Lopes（eds1st.），2001.

术的创作者不仅要有自己的艺术维度，而且更要考虑到审美的民主性和公共性。公共艺术家理查德·塞拉的《倾斜之弧》是当今城市公共艺术因缺乏"公共关怀"而被拆除的典型案例，其拆除经过了使用后评价和相关的严格论证。这件公共艺术作品被拆除的最大原因就是它与城市公众之间产生了巨大的矛盾，在使用后的主观评价中有这样的论述："这个作品无法让我感到亲近，作品不知所云而让我感到迷惑，作品像是'犀利的刀片'抑或是'铁幕'，让我感觉到艺术家的专横和傲慢，我受到了作品的恐吓……"[①] 从根本上说，人们对于这件作品的反对，来自于公众对"精英式审美"公共性的反抗。

　　综合以上当今城市公共艺术建设方面的问题可以得出：公共艺术介入城市景观中的盲目性和随意性，不仅污染了环境、浪费了钱财，而且严重影响了公共艺术场所精神的表征，加重了当今城市景观的认同危机。解决这些问题需要以"城市景观—公共艺术—人"三者关系的研究为切入点，引入建筑学场所精神理论，为城市景观认同危机的解决提供理论依据、设计策略和使用后评价与反馈，协调好国际经验与地方个性的关系，为塑造独具"场所精神"的城市景观发挥积极作用。

2.7 小结

　　根据马斯洛的需求理论，人们会随着物质需求的不断满足转向更高层面的精神需求，同时按照格式塔心理学的理论，当人们发现并开始利用某些功能后便会依据自己的本能对环境属性进行拓展，拓展的过程就是从物质到精神演变的过程。因此，城市景观作为人的需求和使用载体，在满足人的物质功能需要之后，应该向更高的精神层面拓展，彰显出特有的场所精神，让人们在使用的过程中找到认同。然而，当今城市景观的建设速度过快而理论研究相对滞后，造成了城市景观中场所精神缺失现象严重，这主要表现在过度追求功能而忽视人的感受和对精神文化的追求，造成大量的"雷同式"城市景观。因此应立足于时代背景，以公众的实际感知需求为基础，全面进行场所精神的表征。本书正是在研究和总结相关理论与学术成果的基础上，依据人的感知需求，从审美、生态、体验、交互和归属维度构建当今城市景观场所精神的表征维度，为城市景观场所精神表征指明方向。

---

① 何力平.为雕塑凿七个孔[M].北京：人民出版社，2010.

3

中西方古代造园中公共艺术介入的启示

"'公共艺术'的概念虽然是在20世纪六七十年代才出现，但是从历史的语境来审视，'公共艺术'作为一种艺术实践并非仅仅出现在后现代语境，而是伴随于人类文明发展过程的始终。"[①] 耐特从历史发展和演变的角度对公共艺术进行了理解："正如有古典的公共领域就有古典的公共艺术，有现代的公共领域就有现在的公共艺术。"不同时代具有不同的"公共性"，产生不同属性的公共艺术，不同时代的公共艺术表征着不同场所的公共精神。因此我们不能用概念含义掩盖公共艺术实践和场所的意义，而应在特定的历史语境中，从不同时代精神表征的公共性角度，构建"公共艺术"实践观和场所观。在东西造园历史的发展和演变过程中探析公共艺术的实践方式和场所意义，可更加全面和深入了解公共艺术介入场所精神表征的价值所在。通过对公共艺术在中西方古代造园中的实践研究，了解古人在特定时期和特定场所运用公共艺术进行场所精神表征的方法及价值取向，可为公共艺术介入当今城市景观场所精神的表征实践探寻重要的历史启示。场所精神的表征主要包括自然精神和人文精神两大方面（表3.1）。

古代自然精神和人文精神两大内容的表征研究 表3.1

	表征的内容		相同之处	不同之处
东西方语境中公共艺术介入景观场所进行精神表征	自然精神表征	自然是人类造园中永恒的主体，因此应从古人认识和对待自然的态度上研究景观环境中的公共艺术所表征的自然精神的意义	经历了神性场所精神表征到人性场所精神表征的演变	不同地域条件和意识形态的影响下，进行了不同的自然观和人文观的表达

---

① 李建盛.公共艺术与城市文化[M].北京：北京大学出版社，2017.

续表

	表征的内容		相同之处	不同之处
东西方语境中公共艺术介入景观场所进行精神表征	人文精神表征	源于现象学的研究，在强调观察主体和感知客体统一的前提下，探讨古人在造园中是如何运用公共艺术手段将人类的实际需求和理想诉求融入环境营造中，通过公共艺术而形成特定时期的场所特质	经历了神性场所精神表征到人性场所精神表征的演变	不同地域条件和意识形态的影响下，进行了不同的自然观和人文观的表达

3.1　西方古代造园中的实践启示

3.1.1　神性精神的表征

古典早期或是更早以前的造园行为反映出人们与自然的对话关系，对自然的崇尚和神秘色彩是这一时期典型的场所精神表征；在古希腊鼎盛时期及其后期逐步形成了对超自然意识的表征。

《圣经》中所记载的天堂——伊甸园描绘了天使们在大自然中嬉戏的场景（图3.1），体现了古人在最早时期对自然的原始崇拜和憧憬。在许多学者看来，《圣经》中的伊甸园就在伊拉克南部的苏美尔城市库尔腊。古巴比伦文明史时期形成了与原始自然崇拜相关的多神崇拜，一切的社会生产和生活都与多神崇拜息息相关。这一时期的造园也反映出了原始自然崇拜，主要分猎苑、圣苑和宫苑等三种类型，特定语境下的公共艺术主要以植物、水体、雕塑等形式介入当时造园的场所精神表征，这些元素也被当作神来看待，营造出了多神崇拜的氛围。

在"泛神论"为主导的自然式崇拜早期，人们坚信自然界本身就是一种神灵，并充满恐惧和敬畏。"在'泛神论'弥漫的古希腊，众多的自然之神在古希腊神

图3.1　《圣经》中的伊甸园

话中被人格化，也蕴含着人类智慧、勇敢、欢乐等属性，每个具体的场所都彰显着特有的场所精神，这一时期的场所反映了人类与自然界众多神灵之间的对话。"[①] 公共艺术也以雕塑或其他构筑物的形式介入场所精神的表征中，孙振华先生称这一时期的公共艺术为前公共艺术。例如古希腊神庙的柱式通过特定的艺术造型诠释了自然的神性力量，不同的造型样式与不同的神灵相呼应，彰显着场所中"神性"的公共精神。随着古希腊文化的发展，直到鼎盛时期，人类的主观思想开始大量渗透到建筑和造园的神性精神表征中，泛神论也逐步向一神论转变，人类开始逐步控制自然，这成为西方"人类征服自然"文化观的重要源头之一。公共艺术在特定的历史语境中，以雕塑、植物、构筑物等形式介入当时人类的造园行为中，并积极作用于园林场所"神性"的公共精神表征。

希腊时期的造园中，宗教类的圣林和竞技场数量居多，其中圣林作为宗教活动的主要场所，也开始将公共艺术应用于植物配置和构筑物设置中，从而实现对宗教场所氛围的营造，我们在希腊奥林匹亚遗址中可以明显看到公共艺术对场所精神进行表征的迹象（表3.2）。

古希腊时期造园的公共艺术介入   表3.2

名称	社会背景	介入类型	精神表征
古典早期	自然崇拜与"泛神论"的影响下，通过造园表达人与众多神灵的对话	建筑及构筑物、植物、水体、雕塑等	"神性"精神
案例解析	 图3.2 希腊奥林匹亚遗址	**希腊奥林匹亚遗址** 将公共艺术应用于植物配置和构筑物设置中，选用富有特定精神的植物（如象征阿波罗追求达芙妮的月桂树）与步道、廊柱、建筑等的配合与协调，营造神性的场所精神（图3.2）	
	 图3.3 雅典卫城厄瑞克忒翁神庙的柱式	**雅典卫城厄瑞克忒翁神庙的柱式** 将公共艺术语言应用于神庙建筑的柱饰中，通过雕塑塑造出丰富的"神"的形象，表达出古人对"多神"的崇拜（图3.3）	

① 朱建宁.西方园林史：19世纪之前[M].北京：中国林业出版社，2018.

3.1.2 征服精神的表征

古典时期和中世纪时期的造园是在理性哲学影响下的实践活动，受当时社会生产的影响，其布局形式大都采用庭院式。以古罗马为代表，场所精神由原来对"神性"的崇尚自然的表征转变为"人性"的征服自然精神的表征，当时的造园被看作建筑的外延，是一种人工意识征服自然的表现和延伸，住宅花园和别墅花园是当时最主要的造园类型。在中世纪的基督教思想统治下，出现了修道院庭院，虽与古罗马时期造园的意义不同，但是形态却十分相似，作为人工意识延伸的同时，更彰显出强烈的宗教氛围。"这一时期的庭院具有浓厚的人工意识。通常情况下整个府邸是由接待前庭、家人活动中庭和花园所组成的三进式院落，其中第二进院落呈矩形布置，一面为建筑物，其他三面

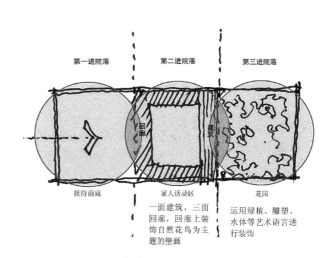

图3.4 古典时期三进式院落示意图

为回廊，通过构筑物进行空间的界定，回廊的墙壁上大多装饰以自然花鸟为主题的壁画，在视觉上扩大庭院的同时，也将对自然的征服精神融入进来；第三进的花园则将自然界中的花草树木引入，并运用植物、喷泉、雕塑等公共艺术形式进行装饰。"[1]整个庭院所传达的是人类征服自然的精神（图3.4）。

在当时田园诗画的影响下，乡村的田园生活成为古罗马人的向往，并倾向于将自然要素人工化，崇尚自然服务于人类并由人类所支配。这一时期的别墅花园通过引入自然和支配自然来满足人们的感官享受，公共艺术也开始褪去神性色彩，介入花园环境中"人性"场所精神的表征。

中世纪时期，宗教思想牢牢控制着人们的意识，同时这一时期的造园也深受宗教的影响，为满足教士们对宁静和幽雅环境的需求，修道院庭院园林应运而生，造园过程不是对"上帝创造的"自然的简单模仿，更多的是对基督教柏拉图层面的蕴含和表现。公共艺术也被普遍运用到修道院庭院园林的营造中。

[1] 曹林娣.中国园林文化[M].北京：中国建筑工业出版社，2005.

在特定的历史语境中，公共艺术以多元化的形态和语言介入造园的环境营造中，在人工意识的主导下，各种形式的公共艺术都丢掉了原来"神性"的姿态，以展现和表达人类对自然的征服精神为取向，进行着当时的特定场所精神的表征（表3.3）。

	古典时期和中世纪时期造园的公共艺术介入		表3.3
时期	社会背景	介入类型	精神表征
古典时期和中世纪时期	古典时期由"神性"的崇尚自然的表征转变为"人性"的征服自然精神的表征	建筑物、花草树木、喷泉、雕塑、壁画等	征服自然的精神
	中世纪时期的造园过程突出对基督教柏拉图层面的蕴含和表现	建筑物、水系、雕塑、壁画、植物等	征服的宗教精神
案例解析	**古典时期的庞贝古城的遗址** 在庞贝古城的遗址中，可以看到清晰的"三进式"院落，留存了多处雕塑、壁画和喷泉艺术及其他构筑物等，这是早期公共艺术介入场所精神表征的有效证据，并用特定的造型语言营造了特定场所的"征服精神"（图3.5）  **图3.5　庞贝古城遗址** **哈德良山庄** 山庄中设置有大量的人物和动物雕塑，它们以"服务者"的姿态置于花园环境中，或毕恭毕敬，或是随意自由，它们的介入更加强化和提升了场所中的人类支配意识和征服精神。同时花园中的许多艺术构筑物和水景也流露出更多的田园气息（图3.6）  **图3.6　哈德良山庄中的动物和人物雕塑**		

续表

时期	社会背景	介入类型	精神表征
案例解析	**中世纪修道院庭院** 在刺于地毯上的波斯庭院平面图中可以看到波斯园林中经常采用的十字形水系布局；作为公共艺术的一种形式语言，这是伊甸园所分出的四条河（奶河、水河、酒河、蜜河）的隐喻，通过水系进行宗教内容和蕴含的表现（图3.7） 图3.7 刺于地毯上的波斯庭院		

3.1.3 唯理精神的表征

漫长而黑暗的中世纪之后，西方文明迎来了伟大的"文艺复兴"。在"人本主义精神"的倡导下，此一时期更加突出人的地位，进一步强调人在自然环境中的主导存在。在摆脱了宗教的束缚之后，人性精神重获自由，尤其是在人类追求美的过程中，强烈的主观意识不断渗透到造园实践中，规则图形和空间秩序构成的人工式风景越来越受到推崇，其中意大利的台地园成为当时人工风景美的代表，公共艺术也以更加积极的姿态介入造园元素中，如修剪成规则图形的绿植，雕塑，绘有壁画的凉亭，特殊造型的喷泉和水池，等等，在注重自身形态的同时，更加强调在空间中的布局及对于整个环境的控制，注重比例、尺度和空间秩序等。兰特庄园是这一时期台地园的代表。

自然科学不断进步和发展催生了西方的经典科学时代，许多专家和学者更加强调理性在人类发展中的重要性，提出数学和几何学可以解释人类世界的一切，强调客观世界的可知性，达·芬奇所绘制的人体黄金比例就是对这一时期理性主义的反映（图3.8）。这为法国古典主义的艺术发展奠定了良

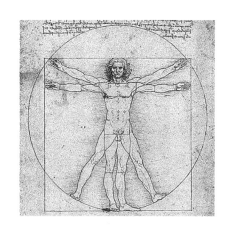

图3.8 达·芬奇绘制的人体黄金比例

好的艺术和哲学基础，受此影响，法国古典园林在继承和保留意大利文艺复兴庄园一些要素的基础上，开创了一种更开朗、华丽、宏伟、对称的组合方式，营造出了一种更显高贵的园林，最具代表性是17世纪勒·诺特式的法国古典园，公共艺术也以更加多元化的姿态介入理性场所的营造（表3.4）。

古典时期和中世纪时期造园的公共艺术介入　　　　　　　　　　　　　　表3.4

名称	社会背景	介入类型	精神表征
文艺复兴时期	摆脱了宗教的束缚，人本主义精神强调人作为自然的主导而存在，更加强调理性在人类发展中的重要性，提出数学和几何学可以解释人类世界的一切	剪成规则图形的绿植、雕塑、绘有壁画的凉亭、特殊造型的喷泉和水池等	人类的唯理精神
案例解析	**兰特庄园** 从维尼奥拉建造的兰特庄园可以看到多种公共艺术形式的介入： （1）注重强化轴线关系，利用人工修建整体，各种图案造型的绿植、各类雕塑、各种柱饰和墙饰、各种造型喷泉等公共艺术布置在轴线上，体现了轴线从"人工到自然"的过渡，整个空间富有节奏感 （2）在美化环境的同时，通过规则的平面布局和台地处理、修剪整齐的绿植、对称式布局的雕塑等多种形式进行场所唯理精神的营造（图3.9） 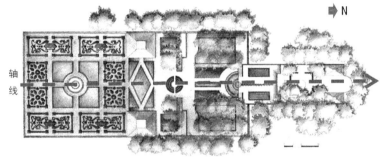  图3.9　兰特庄园		

续表

名称	社会背景	介入类型	精神表征
案例解析	**凡尔赛宫** 　　充分运用大量的公共艺术介入场所精神的表征，其中青铜雕塑在园中的数量和造型更让世人惊叹。造型各异的雕塑在尺度上和造型上都严格追求符合数学和几何的比例之美，诠释唯理精神的同时，也用一个个栩栩如生的形象讲述了一个个生动的故事，例如在凡尔赛宫拉多娜水池园的中轴线上的拉多娜池和阿波罗池，两座著名的水池中均设置了系列雕塑作品，通过形象的雕塑语言向人们讲述一段段美丽的神话故事（图3.10）  图3.10　凡尔赛宫		

3.1.4　尚感精神的表征

　　17世纪末到18世纪，随着人类哲学的不断发展和人们对自然美的深入认知，人对自然的态度也在发生着转变。这一时期存在着两种对立的观点：一种是前期唯理思想的延续，认为事物都是建立在人类的理性思维和几何逻辑基础之上；另一种是在经验主义哲学的影响下，对理性和几何逻辑学进行全盘否定，认为艺术来源于感性认知。前一种观点在欧洲继续盛行，后一种观点则在英国得到推崇和发展，回归自然和崇尚自然成为英国风景园林场所中尚感精神表征的重要取向，并对世界各国的造园产生了重要影响，也为当今城市景观对于人与自然关系的重新探索提供了重要参考。

这一时期以英国为代表的自然园中介入的公共艺术也强调回归自然，用自然性的塑造手法来表达人们的真实情感，颠覆了以往的美学追求和人工征服气息，充满了对尚感精神的场所表征，英国斯托海德园就是这一时期具有代表性的景观之一（表3.5）。

			表3.5
名称	社会背景	介入类型	精神表征
17世纪末到18世纪	两种思想并存：一种是前期唯理思想的延续；另一种是认为艺术来源于感性认知，强调回归自然和崇尚自然，但后一种对世界各国的造园影响更大	植物、建筑、水体、雕塑等	崇尚感性和回归自然的精神
案例解析	**英国斯托海德园** 与自然进行了完美的融合，处处洋溢着对自然的回归与追求，园林所设置的桥、塔、建筑等构筑物已不仅是作为景观构成元素，满足物理功能需求，更是作为构成自然之美的艺术要素，满足人们的自然审美需求，让整个场所的精神得以升华，因此在该层面上这些要素可以称之为园内的公共艺术，这些公共艺术在园中进行合理布置，诉求于自然美的构图塑造，虽由人造，但非常自然，在自然的融入中实现了对场所尚感精神的表征（图3.11） 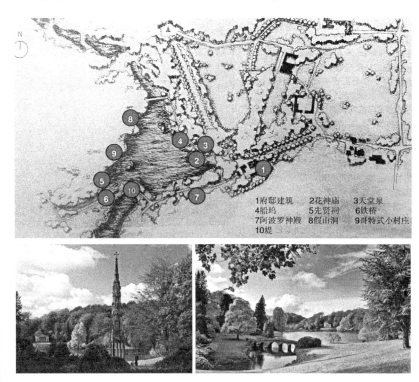 1府邸建筑　2花神庙　3天宣泉 4船坞　5先贤祠　6铁桥 7阿波罗神殿　8假山洞　9哥特式小村庄 10堤 图3.11　英国斯托海德园

3.2 中国古代造园的实践启示

诺伯舒兹的场所精神在我国属于舶来词，但其理论强调通过人们对场所的感知而形成定向和认同的环境，这与我们传统造园中关于空间营造的人性化思想非常接近，都是为了创造人性的空间意境，这也是几千年来中国传统造园的灵魂和精髓。吴良镛先生指出："场所精神……是西方的理论，对照中国建筑说，可能称之为'场所意境'。"[①] 热尔曼·巴赞讲："中国人对花园比住房更为重视，花园设计犹如天地的缩影，有着各种各样的自然景色的缩影，如山峦、岩石和湖泊。"[②] 而这些山峦、岩石和湖泊可谓是公共艺术介入场所意境表征的重要组成元素，通过艺术性的布置和处理，彰显出不同意境的内在精神。

3.2.1 敬畏意境的表征

先秦时期是中国古代造园的起步阶段，人们认为力量无穷的自然充满了神性，由此产生了对自然的敬畏之情。自然本身的神性备受关注，人们认为自然可以包容世界万物，自然界的万物相生相克、密切联系、生生不息，这与西方的"泛神论"形成了鲜明的对比。童寯先生曾提出："夏桀建'玉台'似为今日中国园林之始。"[③] 学术界普遍认为中国造园始于远古的祭拜形式，造园就是营造与神接近的场所，场所的敬畏意境也通过人们对神灵的感知而产生，如商代的崇台、周代的灵台、春秋战国时期的桓公台和章华台等。这一时期的"台"又具备公共艺术的属性，即修建于特定的公共环境中，在满足祭祀功能的基础上，蕴含人类的精神寄托，"台"是公共艺术介入城市景观场所意境表征的雏形。公共艺术以最初的"台"的形式介入场所意境的表征，营造出这一时期所特有的神灵感知的环境特质（表3.6）。

3.2.2 共融意境的表征

秦汉时期是我国古代造园的第一个高峰期，园林开始向休闲、游憩、观赏等功能转变。"这一时期的造园同样受到'天人合一'的哲学思想影响，建筑和园林的

① 于志渊.从现代角度看中国传统建筑手法[D].天津：天津大学，2003.

② 热尔曼·巴赞.艺术史[M].刘明毅译.上海：上海人民美术出版社，2017.

③ 童寯.园论[M].天津：百花文艺出版社，2006.

先秦时期造园的公共艺术介入　　　　　　　　　　　　　　　表3.6

名称	社会背景	介入类型	意境营造
先秦时期	充满了对自然的敬畏之情	构筑物	人对自然的敬畏精神
案例分析	羊子山土台 　　多数学者认为羊子山土台距今约3000年，其性质是大型的宗教祭坛，是古人与神灵对话的媒介，满足古人的祭祀需求，也反映出当时人们对于自然的畏惧感。在特定的历史语境中，通过修建"台"来营造出场所的敬畏精神（图3.12）  图3.12　四川出土的羊子山土台模型		

营造法则严格遵循'体象乎天地，经纬乎阴阳'。"[①] 表达出人类对自然万物的尊敬，并希望融入自然之中，人与自然和谐共生。在这种思想的影响下，当时的造园极其注重人与自然共融意境的营造和彰显，宫、苑、台、池、林等是当时造园的常见类型。在主观意识影响下人工元素越来越多地出现在当时的大自然环境中，许多构筑物在特定的历史语境下具备了公共艺术的基本属性，是公共艺术雏形"台"的进一步演化和发展，开始以更多的形式介入场所中进行共融意境的表征。

　　秦代以来，长生不老仙术盛行，追求永生是当时人们最重要的诉求和愿望，由此催生出模拟仙境的造园布置形式。据史料记载，秦代的"兰池宫"是我国运用挖湖造池的方式营造仙境的开端。之后汉代的未央宫延续了秦代造园风格，在建章宫修建的太液池，出现了"一池三山"的造园形式。"一池三山"可谓中国最早的公共艺术形式中的地景艺术，通过对元素的艺术化加工和布置，营造出仙性的空间和氛围，实现了人与自然仙境共融的愿望，是中国造园史中极具代表性的场所意境营造方式之一（表3.7）。

---

① 曹林娣.中国园林文化[M].北京：中国建筑工业出版社，1989.

秦汉时期的公共艺术介入   表3.7

名称	社会背景	介入类型	意境营造
秦汉时期	遵循古代天地和阴阳哲学观，表达人类对自然万物的尊敬，并希望与自然共融	山水、雕塑、植物、建筑等	人与自然的共融精神

案例解析	**建章宫**
	（1）"一池三山"的营造
	  建章宫北为太液池，是一处由人工开凿的大型池面，因池中修筑有三座神山而得名。《史记·孝武本纪》载："其北治大池，渐台高二十余丈，名曰太液池，中有蓬莱、方丈、瀛洲、壶梁象海中神山、龟鱼之属。"[①] 这种"一池三山"的营造模式对后世造园影响深远。
	（2）石雕的运用
	  太湖石畔还运用石鱼和石龟等雕塑对自然进行模拟和再现。《三辅故事》载："池北岸有石鱼，长二丈，广五尺，西岸有龟二枚，各长六尺。"[②]
	  同时还运用建筑和植物等元素，与山水、雕塑共同营造出一派自然和谐的场景，人置身于园中，如同与自然合为一体，营造出人与自然的共融意境（图3.13）

	图3.13 建章宫图		

3.2.3 隐喻意境的表征

在中国的魏晋南北朝时期，政权更迭频繁，社会动荡不安，许多人因无力对抗和改变现实而寄情玄理，寻求精神上的归属。当时的社会意识形态也由儒学走向了多元，尤其是佛教进入了重要的发展时期，寺庙园林建设备受重视，因使用群体的广泛性，其公共属性最为明显，因此也成为公共艺术介入的主要领域。在寺庙园林中，石窟艺术得到了空前的发展，当时敦煌石窟、龙门石窟、云冈石窟、麦积山石

① 司马迁.史记[M].西安：三秦出版社，2010.

② 赵岐.三辅故事[M].西安：三秦出版社，2016.

窟等开凿达到了鼎盛，佛教塑像和壁画作为当时公共艺术介入场所的主要形式，对此后我国雕塑史的影响极其深远。这些宗教雕塑和壁画因公众的信仰而产生，运用与佛典相应的图像，并结合特定历史阶段的社会背景，传达出宗教的意境内涵，凝聚了对佛法极乐世界的向往，宗教雕塑让公众找到了精神的寄托和慰藉。不同尺度、不同类型、不同位置的佛像雕塑营造出浓厚的佛教意境，是对特定佛教隐喻精神的表征。

在老庄的处世思想中，"法自然"则"修身"，"治国"寄情于山水，提出不满社会现实的个体可以回归自然让内心得到升华，借以愉悦自我身心。归隐的情绪在自然审美意识中觉醒，回归和感受大自然的宁静与纯洁成为当时人们的一种愿望和诉求，这一时期造园活动中的"隐喻自然"成为理想寄托最典型的表达手法，私家园林也由此萌生并发展壮大。这一时期的造园从强化自然美过渡到人工模式的隐喻自然美，更倾向于人工气息的自然环境营造。尤其是到了唐朝，山水画场景在大批文人雅士的推崇下纷纷引入园林，实现了对自然意境的隐喻，开启了"文人造园"的重要时代。

在这一时期的特定历史语境中，尤其到了唐代，公共艺术广泛介入陵园的场所意境营造，最具代表性的是石柱、石兽、石人等石像生艺术。在唐十八陵中遗存的大量石像生的隐喻中可感受到当时的恢宏气势。

在这一时期的宗教造园、私人造园和陵墓造园中都对公共艺术进行了多元化的运用，实现了对隐喻精神的意境营造（表3.8）。

3.2.4 写意意境的表征

中国的造园艺术经过历代的不断完善和发展，至宋元明清时期达到成熟，人们的精神诉求通过人工化的写意自然进行表达是该时期造园的主流，山水意境的营造成了造园的重心和当时人们的审美核心，诗词歌赋等艺术形式也与当时的造园活动密切相关。介入场所之中并进行意境内在写意精神表征的公共艺术，集自然美、建筑美、绘画美和文学艺术于一身，通过构筑物、雕刻、壁画、山水、植物等方式对山水画场景进行写意表现和气氛营造，呈现出更多元的艺术象征性。

中国古典园林的成熟期以宋代文人写意园为代表，通过公共艺术的介入，寄托文人墨客的理想与情怀。明清时候，北方皇家园林的恢宏气度，南方私家园林的精巧灵动，代表着我国古典园林发展的鼎盛期，这一时期的造园精髓是"虽由人作，宛自天开"和"巧于因借，精于体宜"，公共艺术也以更加广泛的形式介入园林环境的意境营造中，彰显出当时人们崇尚写意自然和寄情于景的情怀（表3.9）。

魏晋南北朝时期至唐代造园的公共艺术介入　　　表3.8

名称	社会背景	介入类型	意境营造
魏晋南北朝时期至唐代	政权更迭频繁，社会动荡不安，人们无力改变社会现实，转而寄情于精神上的隐喻归属	雕塑、壁画、构筑物、植物等	隐喻精神
案例解析	**麦积山石窟** 　　麦积山石窟位于甘肃省天水市麦积区，高142m，因山形酷似麦垛而得名。据记载，麦积山石窟早在384年就开始开凿，目前总共有221座洞窟，洞口中留存有10632身佛像和1300多平方米壁画，营造出浓浓的佛教氛围，反映出古人对于佛的虔诚，通过信仰隐喻更多的精神寄托和归宿（图3.14） 图3.14　甘肃麦积山 **王维的辋川别业** 　　辋川别业作为当时私家园林的代表，通过运用山、水、植物、构筑物等公共艺术元素，还原了山水画场景，赋予文人墨客以自然山水情结的寄托（图3.15） 图3.15　王维的辋川别业		

名称	社会背景	介入类型	意境营造
案例解析	**乾陵** 　　唐代乾陵的石像生雕塑具有极高的艺术价值，在入口处左右各布置一根八棱柱石质华表，高度达8m，形成了帝陵入口的精神标志。其后布置了一对石刻翼马，身上雕刻云纹图案，诠释出凌空飞奔的内涵。翼马的北面是一对栩栩如生的鸵鸟高浮雕，是唐朝对外交流的形象象征。接下来布置有5对石马和10对石翁仲，表现出大唐的国威和风范。同时在帝陵园区内城的四门之外，各安置有两对威武雄伟的石狮，大大提升了园区的气势和神圣感。在园内神道的东西两侧，总共安置有61尊石人像，这些人物造型都来自当时的使者形象，表达出"万邦来朝"之势。通过这一系列石雕布置，营造出园区浓厚的地域文化氛围（图3.16、图3.17）	 图3.16　乾陵石像生分布图 图3.17　乾陵

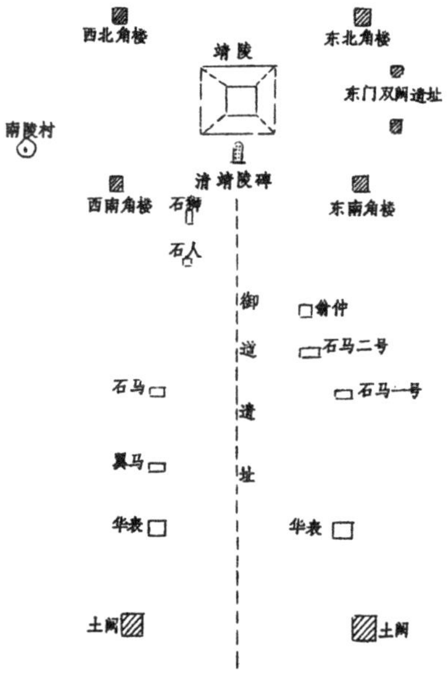

宋元明清时期造园的公共艺术介入　　　　　　　　　表3.9

名称	社会背景	介入类型	意境营造
宋元明清时期	通过对大自然的人工化写意来表达人们的精神诉求	构筑物、雕刻、壁画、山水、植物等	自然的写意精神

续表

名称	社会背景	介入类型	意境营造
案例解析	**留园** 留园是我国著名的古典园林，明嘉靖时徐泰时建东园于此，清光绪年间又有盛康重修。整体布局分东、中、北、西四个区，以东区和中区为精华。西区通过植物和构筑物营造山林野趣的氛围；中区以水面和假山为主，建筑环绕；北区为盆景为主，用假山石营造出自然人文气息；东区以曲院和回廊见胜，著名的冠云峰就在此处（图3.18）。整个园区通过亭、石、廊、植物等元素营造出文人写意园的独特自然意境。 同时园区主从有秩、层次有序、张合有度等空间处理手法对后来的景观设计影响深远，也为公共艺术介入当今的城市景观场所精神表征提供了重要参考（图3.19）		

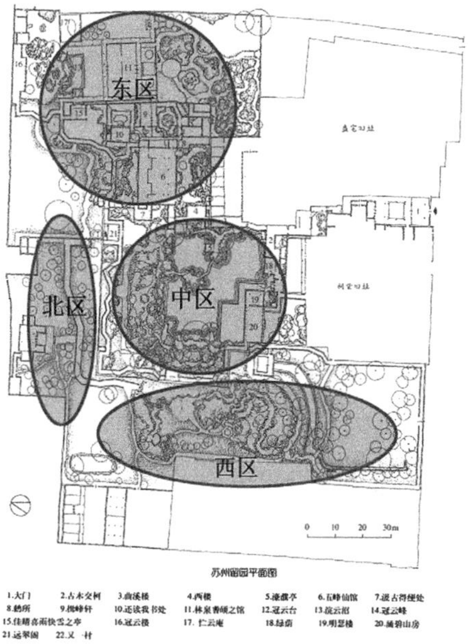
东区
中区
北区
西区
0 10 20 30m
苏州留园平面图
1.大门 2.古木交柯 3.曲溪楼 4.西楼 5.濠濮亭 6.五峰仙馆 7.汲古得绠处
8.鹤所 9.揖峰轩 10.还读我书处 11.林泉耆硕之馆 12.冠云台 13.浣云沼 14.冠云峰
15.佳晴喜雨快雪之亭 16.冠云楼 17.伫云庵 18.绿荫 19.明瑟楼 20.涵碧山房
21.远翠阁 22.又一村

图3.18　留园平面及分区

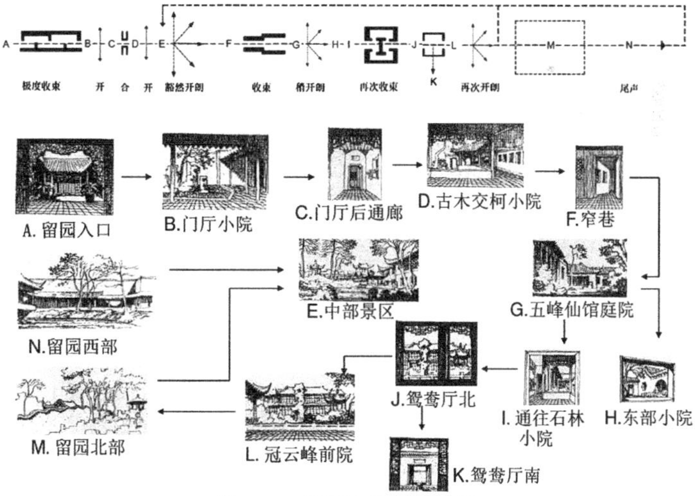
A B C D E F G H I J K L M N
极度收束
开 合 开
豁然开朗
收束
稍开朗
再次收束
再次开朗
尾声
A. 留园入口
B.门厅小院
C.门厅后通廊
D.古木交柯小院
F.窄巷
E.中部景区
G.五峰仙馆庭院
N.留园西部
M. 留园北部
L. 冠云峰前院
J.鸳鸯厅北
I. 通往石林小院
H.东部小院
K.鸳鸯厅南

图3.19　留园空间处理分析

3.3 小结

每个时代都有每个时代的公共艺术。公共艺术的概念虽然是在现代社会中所提出的，但是作为一种艺术实践活动，却贯穿人类营造栖居环境的始终，充满了人与环境关系的思考和探索。在中西方古代造园史中，不同阶段和不同地域都在运用公共艺术的手段去解决时代的物质和精神需求问题。公共艺术在中西方造园的实践中既存在相似之处，也存在不同之处，这为公共艺术介入当今城市景观场所精神的表征奠定了良好的时代和地域条件基础。

建筑现象学中的场所精神理论强调人的感知在环境中的实现，公共艺术的介入也必须以人的感知为前提。因此在历史语境下，对古人在造园中的公共艺术实践的研究，并非是一味的形式模仿和借鉴，而更在于理解古人是怎样将公共艺术运用到造园活动中以表达自己的现实需求和精神寄托，即怎样通过公共艺术让园林环境能够很好地承载人们的情感而彰显出特有的人文关怀。

4

公共艺术介入城市景观场所精神的表征

场所精神是人们通过景观构成要素对城市景观中的特定环境进行表征的结果，因此公共艺术介入城市景观场所精神表征具体是指：综合城市景观中的自然和人文元素，运用公共艺术的方式介入城市景观构成要素（实体要素、空间要素、叙事要素等）的布置，通过设置公共艺术的感知过程对场地公共精神进行表征，形成与其他空间环境的差异性，即公共艺术介入城市景观场所精神表征包括介入景观构成要素的布置和作用于人的主观感知两个方面。人在城市景观中，结合自己的经历和经验，对城市景观中的公共艺术进行感知，建立"人—公共艺术—场所"的关系纽带，从而形成人们在场所中的定向感和认同感，实现公共艺术介入城市景观场所精神表征的价值，提升城市人文关怀。

4.1 介入表征的历程

公共艺术介入城市景观场所精神表征的历程可以理解为创作者表意过程和感知者解意过程的综合。进入场所之前，公众对于场所的认知处于初始阶段，或是一无所知，或是通过其他渠道间接获取；当人们进入之后，则成为公共艺术的观察主体，并通过公共艺术所表征的定向感和认同感形成感知的诱发。依据格式塔心理学，在感受直觉性和现象整体性的影响下，人们通过公共艺术形成对城市景观场所环境的物质与精神认同，最终完成公共艺术对城市景观场所精神的表征（图4.1）。在城市景观场所精神的表征

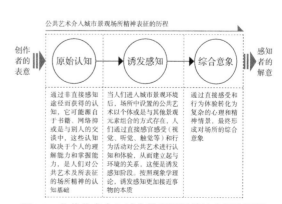

图4.1 公共艺术介入城市景观场所表征的历程

中，公共艺术主要通过介入城市景观定向感和认同感进行，见表4.1。

公共艺术介入城市景观两大层面对场所精神进行表征　　　　表4.1

定向感构成因素			认同感价值取向
实体元素	空间元素	事件元素	认同感即感知主体的属性及体验方式。从环境心理学出发，通过对人们心理和行为需求的满足，让人们在感知层面逐步形成对场所的认同
包括山水、土地、植物、道路、建（构）筑物等以及这些元素的造型、色彩、肌理等	"指通过物化元素围合、分割及占据所形成的空间区域，包含视线与尺度的关系、界面构成方式等非物质化的感知元素。"[①]	指在此场地中已经成为历史的自然事件和人文事件	

需要说明的是，公共艺术有时会以多种因素组合的方式介入，有时以一种元素作为主导介入。凯文·林奇提及："在小尺度的场所中，对场所的感知主要来自于该场所构成元素的组合方式；而在大尺度的聚落场地中，对场所的感受是方向性的，例如在哪或是什么时候，这其实是要了解其他地方或时间和这里有何不同。"[②]公共艺术无论以何种元素及何种元素组合方式介入，皆需要与人的感知建立起关系才能够真正达到表征场所精神的目的。

4.1.1　介入定向感的表征

1）原有实体和空间元素丰富场所的定向感表征

从场所的认知角度来看，实体和空间元素丰富的场地往往有着鲜明的地域性自然特征和文化脉络，通过公共艺术显性的实体形态和隐性的空间氛围对这些元素进行梳理和展现，人们很容易感受到场所的特质。实体或空间元素原型的有无及其丰富度、完整度是公共艺术介入场地进行场所精神表征的先决条件，同时这些元素原型能很好地反映当地历史文化、城市生活记忆、人们生存状态，在最大限度尊重原生环境元素的基础上，通过公共艺术手段对这些元素进行艺术加工和强化，可营造场所环境中的定向感和认同感，实现场所精神的表征。

俞孔坚教授设计的中山市岐江公园是对原粤中旧船厂的改造和提升，在合理保留原来工厂场地环境中最具代表性的构筑物、生产设施及工具，将船坞、水塔、铁轨、器械、龙门吊等场地中的标志物进行有限保留及创意开发的基础上，结合特定的区域环境和生态综合性规划实施，以公共艺术记录船厂曾经的辉煌，诠释场地曾经的故事。人们漫步其中，历史记忆会被慢慢唤醒，在完整的故事体验中，感受到

---

①　姚朋.现代风景园林场所特质的表征研究[D].北京：北京林业大学，2011.

②　凯文·林奇.城市形态[M].林庆怡等译.北京：华夏出版社，2001.

不同于其他城市景观的地域文化。公共艺术在此创造了独特的景观效果和社会效应，表征了独特的场所精神（图4.2、图4.3）。

2）原有实体和空间元素受损或缺失场所的定向感表征

城市景观场所精神表征中，我们经常会遇到这种情况：场地现有元素中实体和空间元素受损或缺失严重，公共艺术无法发挥其完善和强化功效。但是，公共艺术可以作为媒介介入场地可载入的事件元素中，通过对富有记忆和情感的事件元素的传达，实现人们对场所的定位和认同。公共艺术成为人与环境产生共鸣的触媒表征场所精神。

代表性公共艺术为鹿特丹火车站的站前广场景观设计。鹿特丹在第二次世界大战中被夷为平地，重建后的城市并没有一味还原和复制，而是重视通过公共艺术进行传统与现代的对话和交融，将整个鹿特丹打造成为露

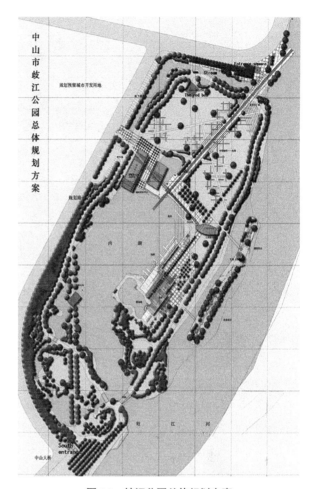

图4.2　岐江公园总体规划方案
图片来源：北京土人景观规划设计研究院提供

天博物馆。"二战"前在鹿特丹火车站站前广场附近有一座非常著名的教堂，战后变成了废墟；艺术家没有使用过去的材料和工艺进行复制和还原，而是通过钢结构将教堂的骨架和轮廓呈现出来，并将仅有的遗物陈列其中。曾经被战争毁掉的教堂，以后现代主义的语言提升了城市的历史记忆，成为城市过去与现在对话的精神场，成为传统与现代对话与交融的优秀案例（图4.4）。

4.1.2 介入认同感的表征

城市景观场所精神的认同感表征过程在一定层面上是人们的行为感知过程，公共艺术介入城市景观，适应了特定时期的人的感知行为并具备了精神价值，城市景观因此也由场地变为场所。公共艺术介入感知主体因素进行场所精神表征的目的就是让

图4.3   岐江公园鸟瞰及建成环境图

图片来源：北京土人景观规划设计研究院提供

图4.4   鹿特丹火车站的站前广场景观

图片来源：王中.城市公共艺术概论[M].北京：北京大学出版社，2004.

人们对场所内客观存在的公共艺术的感受，成为对场所精神的认同，因此，使用者对公共艺术介入城市场所精神表征的体验和评价成为衡量其价值的关键所在。城市景观的感知群体由于年龄、职业、兴趣爱好等的不同，在感知过程中会表现出差异性，公共艺术的表征，也应从"公共性"的角度出发，给予感知主体更多的关注。

　　根据心理学的相关研究，人们感觉和知觉的全过程构成人的感知行为，"感觉指的是某种感受或感受系统受到刺激时所产生的初级体验与觉知，是感受系统对事物个别属性的反映；而知觉则是指个体对感觉信息进行选择、组织并加以解释的过程，是对事物整体特性的反映。"[①]公共艺术介入感知主体因素的场所精神表征的过程是通过公共艺术作用于人的感知系统，从而形成特定的感知行为，最终形成对城市景观场所精神表征的认同（图4.5）。

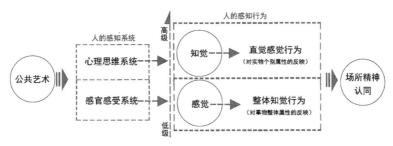

图4.5　公共艺术介入感知主体因素的场所精神表征

1）直观感觉行为

　　人的直观感觉行为是感知行为产生的前提，通常情况下可以把人的直观感觉行为概括为视觉、听觉、嗅觉、触觉、味觉五类。"相关研究表明人们认识外部环境的信息87%源自于视觉、7%源自于听觉、3.5%源自于嗅觉、1.5%源自于触觉、1%源自于味觉。"[②]（图4.6）视觉和听觉在五感中最为重要。人们在体验公共艺术的过程中，感觉行为往往会呈现出多样化特点。充满地域性特色的各种实体、空间和事件，通过公共艺术赋予的不同造型、色彩、肌理、光影、序列等，让人们在产生积极的直观感觉行为的同时，获得良好的体验感。

2）整体知觉行为

　　人们在获得直观的感觉后，接下来就是感觉元素的处理过程，这必然会受到感知主体心理和行为的影响，也势必影响场所精神

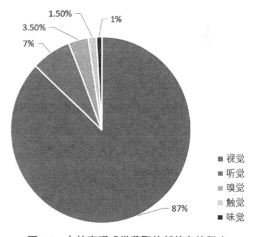

图4.6　人的直观感觉获取外部信息的程度

图片来源：林玉莲.环境心理学[M].北京：中国建筑工业出版社，2006.

① 黄希庭.简明心理学词典[M].合肥：安徽人民出版社，2004.

② 林玉莲.环境心理学[M].北京：中国建筑工业出版社，2006.

的表征，因此公共艺术应综合感知主体的心理和行为需求。

在心理需求层面，不同地域的人在城市景观的使用过程中各有需求，可以把这些需求分为无目的的需求和有目的的需求。在无目的的需求中，组团聚集作为满足人们心理层面的认同感和归属感需求的重要方式之一，是建立在一定的价值认同基础上的，往往表现为地域性影响下的向群性归属需求；人们的交往需求作为有目的的需求，表现为向群性交往需求。"人以类聚，鸟以群归"，公共艺术应积极营造向群性空间环境，满足人们的向群性归属和交往需求。在公共艺术城市景观场所精神表征中，要进一步强化地域性的设计理念，关注人们的感受和体验，着重分析现代社会中人在心理层面归属和交往的需求，充分利用地域性因素构建起满足向群性需求的共同价值观。

在行为需求层面，不同地域的公众对城市景观环境的感受和认知是通过人们的行为活动来进行的。通过公共艺术满足良好的主体行为活动体验需求，能够快速而有效地在人的内心建立起对景观环境的信赖，推动其积极主动地扩大活动范围，进行深入的体验认知，最终建立起认同感。在公共艺术介入城市景观场所精神的表征中，可以积极诱发和促进人们进行行为活动体验，让人们主动参与公共艺术的感受和认知活动，与景观场所建立起密切互动关系。人对公共艺术的行为需求主要受环境和心理感受两方面的影响，人们的行为活动无法脱离环境而存在，地域性的场所营造展现出独特的环境品质，为人们的行为活动提供个性化承载和诱发平台；同时各种行为活动也是按照人们在环境中的心理感受展开的，最初的感受从环境意象开始，然后从局部到整体感受场所精神，感受作用于行为活动，并诱发各种动作反应，表现出独有的地域环境行为特征。

因此，在基于场所精神的感知主体元素表征中，公共艺术的介入应注重对诱发人行为活动的各类环境因子的研究，了解和掌握如何对人的行为进行影响和引导，并对人们的行为特征进行深入分析，通过场所特质的提升来提高人们行为活动的质量。在公共艺术的介入过程中，应积极奉行"地域性"理念，挖掘当地特有的自然条件、历史文化、风俗习惯等，依据人们的行为特征，建立和完善人的行为、公共艺术、景观环境之间的相互影响、相互作用关系，表征具有人文关怀特质的城市景观场所精神。

美国当代著名公共艺术家比利·李（Billy Lee）为长沙湘江新区的岳银广场创作的10m高的互动公共艺术《升华星城》从感知主体元素层面，成功地让公共艺术介入了城市景观的场所精神表征（图4.7）。首先运用声、光、投影等高科技手段，刺激和引发雕塑与公众的良好互动，满足多元化的直观感觉需求，进而从整体知觉行

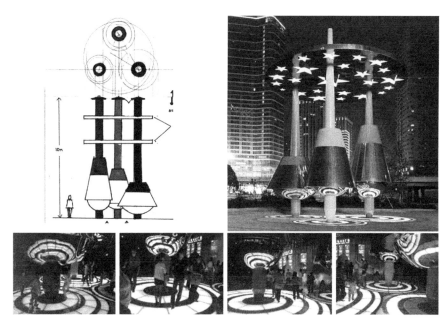

图**4.7**　升华星城

图片来源：Billy Lee 提供

为层面实现对湖湘地缘文化的体验和认同。作品上部的星纹图盘代表星际、星空、星沙，中间三个陀螺型立柱象征高科技，旋转则代表时代的发展。红黄蓝三原色是世间万物色彩的起源，底部水纹既是历史长河的象征，又是当代文明的涟漪。白天镂空的星盘在太阳照射下会在地面形成星星斑点，并随着时间的变化不断发生移动，陀螺型立柱下半部用镜面不锈钢制作而成，可以将周围的物象反射其中，引发公众与公共艺术有趣的互动；当人们从作品底部仰望星盘时，会有在水底仰望星空的意境，脚下水纹的涟漪让人如同漂浮水面；夜幕降临、华灯齐放时，地面上水纹LED灯与顶部的星光闪烁变化，让人如同置身奇异神秘的星际，公共艺术彰显了更多的场所精神表征价值。

4.2　介入定向感表征的构成元素

4.2.1　实体元素

在城市景观的场所精神表征中，公共艺术可介入的实体元素主要包括地形、道路、建（构）筑物、植物、水体等，通过公共艺术作用于实体元素的形态、颜色、气味、声音、肌理等，可使观者通过自己的感官把握场所环境的显性特征，进而感受场所精神所在。

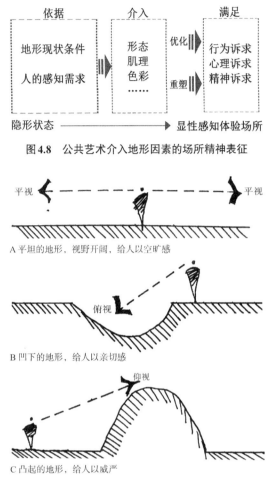

图4.8　公共艺术介入地形因素的场所精神表征

A 平坦的地形，视野开阔，给人以空旷感

B 凹下的地形，给人以亲切感

C 凸起的地形，给人以威严

图4.9　不同地形给人以不同的感受

1）地形

地形在城市景观场所环境中是其他景观构成元素的重要基底和载体，是彰显城市景观场所精神的重要元素（图4.8）。通常情况下，城市景观的地形往往处于隐形状态，在整个场所中不会给人留下过多的印象，地貌被破坏，也就丧失了公共艺术的介入，可以将重点区域的地形变为显形状态，让人们更加直观地感知地面的形态特征、空间环境层次及深层次的场所精神。公共艺术将作为城市景观基地元素的地形变为独立的景观单元，通过特定的艺术语言增强地形的视觉冲击力和心理感受力，并赋予其精神文化内涵，表征城市景观特有的场所精神。如图4.9所示，不同形态和结构可以给人以不同的视觉、心理感受，会直接影响到城市景观场所精神的表征。随着技术的不断进步，人们对于地形的处理也更加多元化，由隐而显，地形转变成为可以让人们主动进行感知体验的场所元素。虽然当今城市景观中场地现状越来越复杂，但充分尊重场地原有的基地条件仍是场所精神表征的出发点。公共艺术对地形进行适当的处理可赋予场地以精神意义。

西班牙巴塞罗那的北站公园对地形的处理实现了对场所精神的表征。主创者美国女雕塑家贝尔利·佩伯（Beverly Pepper）在这个占地22000m²的大公园运用地形的变化，以太阳和阴影两大主要元素进行了《天空与海洋的幽会》的场景营造。《坠落的天空》位于太阳区域，由佩伯运用大量的不规则陶瓷釉片制作完成，演绎天空坠落到地面被打碎的状态；《树之螺旋》位于阴影区域，通过树木的阴影变化形象传达季节的更替和轮回（图4.10）。

2）道路

城市景观中的道路属于非自然的地表部分，景观环境中的各个功能分区通过道

图4.10　天空与海洋的幽会

图片来源：王中.城市公共艺术概论[M].北京：北京大学出版社，2004.

路的有机串联而形成整体，构建起具有连续性的场所特性。凯文·林奇曾经提出："道路只要可以识别就一定具有连续性，这显然也是功能的需求……还应具有方向性，通过一些特征在某一方向上积累的规律渐变，沿线的两个方向能够区分……人们习惯去了解道路的起点和终点，想知道它从哪里来并指向何处。"[1] 在城市景观的场所精神表征中，公共艺术可通过道路的空间结构属性和自身的特性两个方面进行介入（图4.11）。

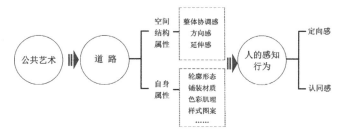

图4.11　公共艺术介入道路因素的场所精神表征

① 凯文·林奇.城市形态[M].林庆怡等译.北京：华夏出版社，2001.

Carlos Ferrater景观设计事务所在西班牙贝尼多姆设计的长达1.5km的西海岸步道，根据原地形变化和交通流线实际需求，设计了五彩斑斓的海浪造型休闲步道，自然的波浪造型引发了人们对海浪的记忆，彰显出场地特有的气质和精神，人们在行走的过程中时刻都能感受到大海的情感和灵魂（表4.2）。

西班牙贝尼多姆西海岸步道设计图及建成图   表4.2

灵感来源	设计草图	建成图

3）建筑及其他构筑物

城市景观中的建筑及其他构筑物通常包括景观建筑、雕塑小品、景观家具等，它们大都以明确的实体和空间造型置于景观环境中，公共艺术的介入，可以使其成为空间的视线聚焦点或是界面的重要转折点，成为最直观的表征场所精神的实体元素。

基于实体元素在空间中的"图""底"关系，在当今城市景观的场所精神表征中，公共艺术的介入使建筑及其他构筑物在空间中的"图"的存在感得以强化，成为观赏的焦点。在公共艺术的介入中应密切结合其他实体要素，并以独特的造型、色彩、肌理以及文化内涵等的塑造和彰显，使建造物成为空间环境的视觉中心，体现出人们对场所精神的感性认知（图4.12）。

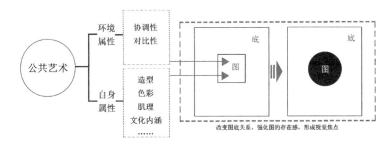

图4.12 公共艺术介入建造物后在空间中的"图""底"关系

4）植物

植物在城市景观环境中是最具生命活力的实体元素，除了具有净化空气、保持水土、组合空间等物质功能外，还可被赋予独特的精神内涵，以最直接的方式诠释地域性环境内的空间特性及人类的生存认知态度。公共艺术手段的介入，可以进一步提升景观植物的场所精神表征力，彰显各地城市景观的独特人文内涵。为了满足人们感知活动的需求，公共艺术可以从植物的空间塑造和植物的自身观赏性两个层面积极介入。

第一，在环境空间构成属性层面，植物是组织空间的重要媒介之一，往往会以不同的形态和不同的组织方式进行空间的界定和围合，从多个界面进行场所精神的表征。与其他硬质元素相比，植物因自身的特性可以让整个空间的层次更加软化和灵活多变。

第二，在自身观赏性层面，不同尺度、造型、色彩的植物会影响人们在城市景观中的直观感知，同时还会因不同植物所蕴含的不同文化内涵赋予环境以特定的精神品格。

公共艺术介入植物元素的城市景观场所精神表征，可进一步强化和提升人们从物理和精神两个层面对空间结构的感知和对植物实体自身的感知，直观和形象感受空间大小、开合变化的同时，感受到特定的场所精神（图4.13）。

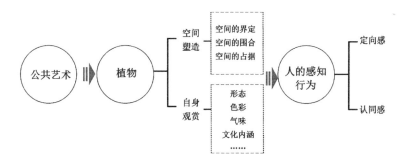

图4.13 公共艺术介入植物元素的场所精神表征

在沈阳建筑大学的一处景观设计中，俞孔坚教授将水稻的元素介入校园空间，营造出浓厚的自然气息和学习及休闲氛围，表征出学校特有的场所精神，具有了生态和艺术的双重效益。景观中最大的亮点就是"耕读文化"的彰显，在景观的平面布局上按照传统稻田的长方形形式进行分割，在分割出的每组稻田的中央安放一处座椅，使"耕读"文化渗入整个景观环境中。在自身观赏性层面，不同季节，水稻呈现出不同的生命状态和色彩肌理，给人以不同的视觉感受，同时根据水稻特殊的内在文化属性，展现出"育米如育人，稻香飘校园"的浓浓文化氛围。同时，从参与性角度出发，每年学校会组织一系列的文化活动，让师生参与水稻的栽种、养护和收割全过程，在体验的过程中进一步加强师生对场所的认同感和归属感（图4.14）。

图4.14   沈阳建筑大学稻田校园

5）水体

水体是城市景观构成元素中最富有灵动感的实体元素之一，具有很强的表现性和可塑性，自古以来东西方的景观创作中，都凝结了人们对水作为生命之源的赞美，从兰池宫中的"一池三山"到圆明园中的各种喷泉，从埃及阿蒙霍特普三世（Amenhotop Ⅲ）修建的人工水池到巴洛克时期建造的大型水景，均彰显出特定时期和地域的场所精神。现代城市景观设计中，水体也是表达场所特质的重要元素，因为水体自身具有很强的可塑性，公共艺术的介入，可以让水体呈现出更为丰富的形态，使场所充满活力并赏心悦目，推动人们与环境建立良好的互动关系。

在城市景观场所精神的表征中，公共艺术可以根据水在环境中的特殊属性进行介入。通常情况下水具有顺器而行和遇势而变两种属性，根据顺器而行的属性，可以运用公共艺术手段创作容器，从而决定水的形态，运用点、线、面结合的呈现方式，从人的感知层面出发对场所精神进行表征。根据遇势而变的属性，可以通过静态和动态的水体塑造给人以直观的感受。凯文·林奇曾经说过："动态的水呈现生命之感，静态的水表达统一和安静。"[①]同时还可以与其他景观元素相结合（图4.15）。

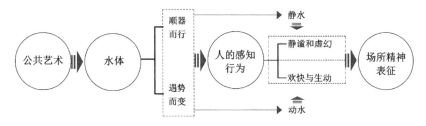

图4.15　公共艺术介入水体因素的场所精神表征

英国伦敦海德公园内的戴安娜王妃纪念泉可谓运用水材质所完成的经典公共艺术项目。设计思路是艺术化演绎戴安娜王妃跌宕起伏的一生，整体造型像是张开双臂的怀抱，以造型为容器，以水为材质，在顺应场地坡度的基础上，通过容器造型的变化让流水的状态不断发生变化，用缓水、跌水、涡流、静止等多种形态，反映了戴安娜王妃各个阶段的人生状态；最终水流流入大海，形象诠释了戴安娜王妃最后归于平静的一生（图4.16）。

4.2.2　空间元素

空间自古以来就是各个学科领域不断研究和思考的重点。建筑现象学的空间是作为"生存者领会世界的方式"而存在，并通过特定的"气氛"表征特定的场所精神的。在现代城市景观设计中，场所的空间属性以及人们对于场所空间的感受成为场所精神表征的重要内容。

城市景观的场所空间包括显性要素和隐性要素两个方面：所谓显性要素主要指空间构成中的立面、底面、顶面三大界面；所谓隐形要素主要指空间的比例与尺度、围合与通透、空间动态等。公共艺术介入场所空间元素，可以有效激发界面活力，提升空间的感知度，从而实现对场所精神的表征（表4.3）。

---

① 凯文·林奇，加里·海克.总体设计[M].黄富厢等译.北京：中国建筑工业出版社，1991.

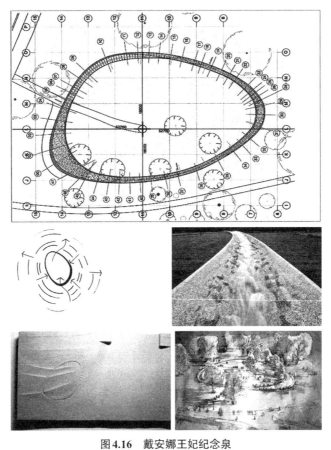

图4.16　戴安娜王妃纪念泉

公共艺术介入城市景观的三类空间界面　　　　　　　　　　　　　　　　表4.3

类型	释义	图解
底界面	是其他各类景观构成元素和人们各种行为活动的重要载体，通过公共艺术的手段对地形的基本形状、肌理、色彩等进行艺术化处理，进一步协调、强化和整合空间的构成要素。公共艺术介入底界面的第一步就是从对底界面多样性和复杂性影响因素认知开始，通过视线引导、空间限定、造型色彩、肌理质感，感知主体活动等方面的控制和设计，实现对底界面特质的彰显	
竖向界面	主要是指空间的分割面和边界，最为显性也最能体现人们各类感知行为。竖向界面构成了场所空间的边界和背景，根据功能和人的感知需要，公共艺术的介入可以对竖向界面进行强化或弱化，让空间的限定或层次的塑造更加生动和自由，公共艺术所创造的虚实结合的空间界面形态以及自身的形态特征或装饰元素在很大程度上影响着场所精神的表征	

续表

类型	释义	图解
顶界面	空间的顶界面与建筑的顶界面有着明显的区别。通常情况下，在宏观尺度的城市景观环境中，顶面是完全开放的，但出于特定功能的需求，需对城市景观空间的顶面进行限定，因此便出现了顶界面元素。通过公共艺术的手段建造构筑物，可以实现形式和材料的多元化，表达出多样的空间"气氛"；通过公共艺术的手段对自然物进行加工，可以形成特殊的顶面形态，构建具有生命力的场所精神	

1）空间的显性要素

空间的显性要素具体是指前面提及的景观实体要素。无论实体要素如何组合，从空间的三维属性来看，场所均是空间物化的结果，因此对于场所精神的感知最终要在空间的各个界面中实现。

2）空间的隐性元素

城市景观的场所精神不仅通过显性的空间界面元素进行表征，更取决于空间的隐性元素，如尺度、围合及动觉等。公共艺术应积极介入城市景观空间的隐性要素构建，协调与其他景观元素以及人的感知层面的各种空间关系，从而在空间层面积极进行城市景观场所精神的表征（表4.4）。

公共艺术介入城市景观的三种空间隐性元素　　表4.4

类型	释义	图解
尺度	"指空间中某一部分与其他部分之间的尺寸比例关系，景观与人的尺寸的比例关系以及理解这些比例关系的情结效应。"[1] 当今人们在城市景观场所中的行为内容越来越丰富，城市景观空间更需要通过合适的尺度对各类空间构成要素及其关系进行界定。公共艺术的介入可以有效协调空间元素的比例关系，从而形成不同的尺度感知，在人们的体验过程中产生情感效应	
围合	围合程度主要受人们的视觉和心理两个层面因素的影响，围合程度决定了空间内部与外部的相互分割度及空间的特性。"无论这种围合是巨大的还是小巧的，是粗糙的还是精致的，最根本的是要使围合适用于空间的用途或使空间的用途适应于预定的围合。"[2] 笔者认为，公共艺术介入场所空间的围合强调对领域的主观感知以及空间的贯通性和与其他空间的差异性	

---

① 凯瑟琳·迪伊.景观建筑形式与纹理[M].周剑云等译.杭州：浙江科学技术出版社，2004.

② 约翰·O. 西蒙兹，巴里·W.斯塔克.景观设计学：场地规划与设计手册[M].北京：中国建筑工业出版社，2009.

续表

类型	释义	图解
动觉	景观环境中最活跃的隐形元素。动觉在心理学中是指由于人们自身位移而引起的对周围环境感知的动态变化，位移状态以及作用面性质等的变化都会引起人们动觉的变化。因此，空间的动觉可以理解为由于人们在空间中的运动及位移变化而产生的对于空间的感知变化。空间的动觉在景观的整体协调和联系中发挥着重要作用。公共艺术介入空间动觉，通过强化视线的转折、序列感的塑造和轴线的变化等可增强人们在不同空间的特定动觉感受	

　　著名公共艺术家傅中望先生在长沙生态公园中创作的《四条屏》整体造型是四条画卷挂轴，画面中心借用东方园林中的框景手法，将空间中的万千气象融入其中。作品的实体元素和景观的空间元素达到了完美的结合，在界定空间的同时，画卷中的景致也在随着人们的移动发生变化，营造出生动的空间动觉效果。运用空间动觉，将公共艺术实体、人和环境紧密联系在一起，很好地诠释了关爱生态和尊重自然的公园主题（图4.17）。

图4.17　四条屏

4.2.3 事件元素

　　城市景观场所精神的表征主要受场地物质条件和感知主体两方面的共同作用，任何一方出现变化都会引起场所精神的变化或消亡。在城市景观中，场所的物质条件和人的认知行为都会受到地域性的自然事件和社会事件的影响，运用公共艺术对事件进行演绎，可使场所精神的表征具有内涵和深度。美国著名符号学家苏珊·朗格提出："事件用于表述整个时空过程之变换，甚至用以描述物体的存留、生命节奏的重复，一种思想与一次地震的起因等等。"[①]

　　公共艺术介入城市景观场所精神表征的事件既包括各种自然事件，也包括人们在长期的生产生活中所形成的人为地域文化事件。城市景观的精神属性是人们在长期的生产和生活中形成的，常规的或是一般的时间元素不会引起场所特质太

---

① 苏珊·朗格.情感与形式[M].刘大基等译.北京：中国社会科学出版社，1986.

大的变化，因此，基于城市景观场所精神
表征的公共艺术介入事件元素必须建立在一
定的公众认知度基础上，通过公共艺术对可
持续事件元素的介入，可以更加形象地将重
要事件在场所中予以表现，让人们更加直接
地进行体验和感知，从城市景观场所精神的
构建角度来讲，能够起到积极的效应和影响
（图4.18）。

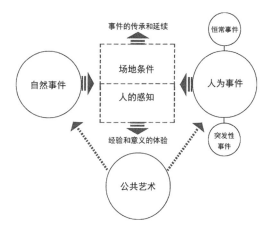

图4.18　公共艺术介入事件因素的场所精神表征

1）自然事件

城市景观场所中的自然事件是指在场地
范围内突然发生并造成持续影响的自然现
象，尤其是近几年来，由于生态环境遭到破
坏，各种自然灾难频频发生，在严峻的自然
生存条件下，为应对自然灾害和气候变化而
实施的风景园林生态修复与规划设计越来越
受到关注。公共艺术介入场所内的自然事件
元素的场所精神表征，势必强化与事件相关
的人和场地的影响，并引发人们持续性和长
期的情感效应。

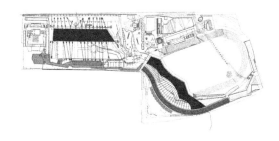

如位于台中市雾峰区的9·21地震纪念
公园被称为全球难得一见的自然科学活教
材，它用公共艺术的手段完整记录和表现
了1999年9月21日凌晨1点47分6.3级强烈
地震所造成的断层错动、校舍倒塌、河床隆
起等灾难现场。建造物实体元素的公共艺术
艺术化处理是园区一大特色。为保留地震对
地表和建筑的破坏状态，通过设计一张拉膜
状建造物有机地将场地保护起来，并把展
示馆与被毁损校舍连接在一起，取"缝合"
之意，用建造物的"针"和隐藏于大地的
"线"，形象地对地震裂缝进行缝合，赋予观
者以生动的空间体验（图4.19）。

图4.19　9·21地震纪念公园

2）人为事件

在城市景观场所精神的构建中，人为事件是进行地域文化表征的重要元素。人为事件可分为恒常性事件和突发性事件（表4.5）。恒常性事件和突发性事件是地域文化的主要构成元素，公共艺术正是通过对这些人为事件的保留、再现和传承才使所在城市景观具有了场所精神。

公共艺术可介入的人为事件分类   表4.5

恒常性事件	突发性事件
具有明显的持续性特征，既包括人们日常的生产和生活方式，也包括人们在长期的生产和生活中所孕育形成的历史传说、风俗习惯、文化艺术等地域文脉元素，通常情况下，恒常事件不具有偶发性，往往会作为极具特色的地域文化而被人们所感知	具有明显的偶发性特征，并能够在长时间内产生效应，如战争、节庆、仪式等，这类事件具有偶发性，有的会呈现周期性，会产生新的场所定向感

吴为山先生为南京大屠杀遇难同胞纪念馆入口所创作的系列公共艺术作品就是对重大的人为事件元素的运用和表现。在场所环境入口处安放了一尊名为《家破人亡》的雕塑，母亲是祖国的形象象征，孩子则是遇难同胞的写照，通过写意的塑造手法，表现了中华民族不屈不挠的民族气概。雕塑高12.13m，记录了1937年12月13日日军发动南京大屠杀的时间节点。雕塑以生动的形象和深刻的寓意成为纪念馆入口的标志性符号。在《家破人亡》雕塑之后，吴为山先生创作了一组名为《逃难》的群雕，形象反映大屠杀中民众逃难的景象。与《逃难》群雕相向而行，迎面穿过一座巨大的铜质雕塑造型，这座雕塑被劈成两块不规则造型，犹如被军刀劈开的城门。吴为山在创作之初就围绕事件进行了大量的走访调研和文献资料查阅，建成后引起了强烈的社会反响（图4.20）。

公共艺术介入城市景观场所精神表征不仅仅是塑造单一的实体或是可识别的元素符号，也不仅仅是个体的简单堆砌或集合，而是借助一定的手段或方式对场地资

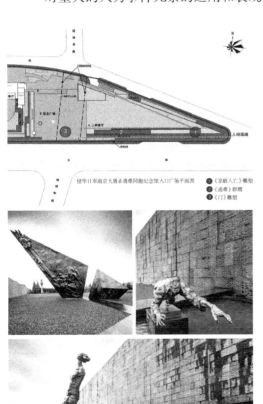

图4.20　南京大屠杀遇难同胞纪念馆入口环境景观

源进行有效整合，让公众在场所环境中通过直观感觉和整体行为活动产生良好的定向感和认同感。公共艺术介入城市景观场所精神表征不但是塑造符号化的实体和空间，更需要立足场地资源现状，表征特定的场所精神。本书将根据场地资源现状的不同，把公共艺术可介入城市景观场所精神表征的场地分为两类：一是原有实体和空间元素丰富的场地；二是原有实体和空间元素受损或缺失的场地（图4.21）。

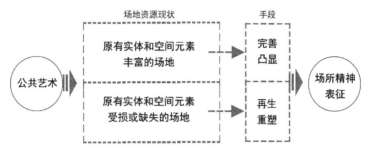

图4.21　公共艺术可介入的场地类型

4.3　介入认同感表征的维度

源于建筑学的场所精神理论，从人的感知行为需求出发，从感知主体审美、生态、体验、交互和归属价值取向，构建起公共艺术介入场所精神的表征维度，确保介入城市景观中的公共艺术能够真正满足公众的实际感知行为需求，进而帮助公众形成良好的定向感和认同感，实现对城市景观场所精神的表征（图4.22）。

4.3.1　审美维度

1）审美维度的表征呈现

公共艺术是城市景观的重要组成部分，是城市地域风貌展示和公共美学价值需求的直观体现。现代公共艺术最重要的特征是，不拘泥于固有的结构模式，形式多种多样、异彩纷呈，审美标准多元开放。面对审美标准的多样性现状，公共艺术必须在主客观评价相结合的基础上体现特定场所精神表征的审美维度需求，与城市景观中的实体要素、空间要素和实践要素的审美价值密切协调，从整体上构建具有地域性审美的城市景观。

蔺宝钢先生主持完成的甘肃嘉峪关广场的

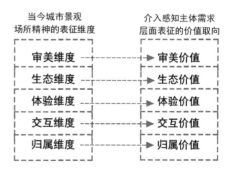

图4.22　公共艺术介入感知主体表征的价值取向

甘肃省嘉峪关市雄关广场设计

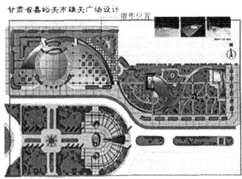

图4.23 千秋雄关

《千秋雄关》，以125m长双面浮雕墙充分阐释了地域美学内涵。创作有效整合了广场景观环境中的各类要素，无论是形象提取还是材质选取，抑或是塑造手法和表面肌理处理，都是西部大漠文明的形象写照。公众在体验过程中深深地被作品的地域审美风格所感染（图4.23）。

2）审美维度的表征意义

"人不可能在长期的生活中没有美，环境的秩序和美犹如新鲜空气对人的健康同样必要。"[1]在建筑界，哈姆林肯定了审美价值："有几百个希腊神庙分散于地中海世界，它们的平面概念一般也差不多，毫无疑问，每个神庙与其他神庙一样，都与宗教的功能十分吻合。可是历史的评论却仅仅推崇奥林匹亚的宙斯神庙和雅典的帕提农神庙作为两个最优秀的典范，而且似乎都是在纯美学基础上做出的抉择。"[2]"奥地利建筑师卡米诺·西特在其著作《美学原则下的城市规划》（1989年）一书中阐述了审美经验在城市质量提升中的价值意义，他特别推崇符合人的尺度并用喷泉、雕塑装饰的广场，这些由古老的建筑、雕塑、喷泉等围合而成的景观广场将希腊、罗马、中世纪文艺复兴时期的城市景观装扮得美丽无比（图4.24）。人们通过艺术实践改变对象的外部形态，创造了新的形式，这种形式又具有相对的独立性。"[3]

审美的过程就是人们辨别和领会事物的过程，是人们认识世界的一种实践活

① L.贝纳沃罗.世界城市史[M].薛钟灵等译.北京：科学出版社，2000.

② 托伯特·哈姆林著.建筑形式美的原则[M].北京：中国建筑工业出版社，1982.

③ 周秀梅.城市文化视角下的公共艺术整体性设计研究[D].武汉：武汉大学，2013.

动，并随着社会的发展而发展。地
域风情、宗教信仰、风俗习惯等的
不同，造成了城市与城市之间的差
异，甚至是国家与国家之间的差异，
也造成了不尽相同甚或迥异的审美
认识。从古到今，优秀的公共艺术
作品作为人们审美实践活动的重要
组成部分，都具有明显的地域性美
学价值。

公共艺术介入城市景观场所精
神的审美维度表征大多借鉴西方发
达国家的成功经验，但是我们不能
照抄照搬，应该立于本土进行吸收
和融合。在历史语境下，中西方的
城市景观经过了几千年的发展，逐
步形成了各自不同的布局法则和美
学标准，并在不同的文化价值主导下
进行了继承、发展和演变，东西方不
同的城市景观审美需要具有不同审美
维度的公共艺术介入（表4.6）。

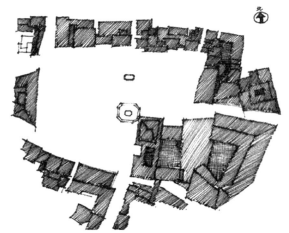

图4.24 佛罗伦萨领主广场

东西方城市景观中介入不同审美价值的公共艺术	表4.6
西方城市景观	东方城市景观
介入西方城市景观中的公共艺术，其造型多遵循解剖、比例、透视等科学标准，表现出一种标准的、具象的、张扬的艺术特质，与景观环境审美相匹配	东方城市景观环境中更需要意象的、概括的公共艺术的介入，致力于具有东方美学城市景观的营造，是一种超越本体的文化内涵的凝练，处处渗透着一种含蓄和内敛的美

在"全球一体化"进程的影响下，两种截然不同的审美法则在新的社会语境中相互影响和发展，公共艺术作为文化碰撞的产物，在交融的同时，更应体现出对地域性审美的传承和发展，这样才能保持公共艺术创作的个性和独立性，并最大限度地体现城市景观场所精神表征中的审美价值。

4.3.2 生态维度

1）生态维度的表征呈现

城市的景观环境主要是由人工生态组成，人工生态是对土壤、水体、植被等自然生态的人为加工，表现出积极的生态价值。但是公众往往更加关注其美学价值而忽视其生态价值。公共艺术作为城市景观的人工构筑物，也应积极发挥生态价值，即为了保持所在城市景观环境的生态平衡，保持所有机体正常生存和发展的生态价值和功能（图4.25）。

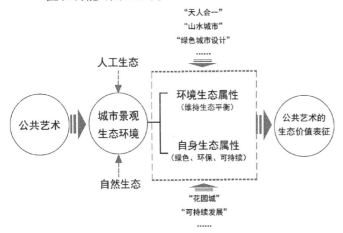

图4.25 公共艺术的生态维度表征

"'生态'作为生物名词是指个体生物与由其他生物组成的群落之间的关系，而在城市景观环境下的'生态'不仅是指个体与社会的关系，也指人与环境中其他生物组成的群落关系。"① 介入城市景观中的公共艺术的生态价值不仅体现在为公众营造良好的使用环境，同时也体现在与生态环境要素的协调中，并最大限度地反哺公众所生存的环境。公共艺术的介入要从对生态环境的支持度和干预度出发，在保持自然因素和人工因素平衡关系的同时，重点关注生态环境的承载力和生命体的生存力，这样创作出的公共艺术就具有了生态价值。

我国当代著名公共艺术家景育民先生创作的《大地延伸线》就地取材，将鹅卵石用不锈钢网架包裹成方条线形，整体造型或起伏，或蜿蜒，沿着河岸线伸展，诠释了生态和工业和谐共生的理念，既明确和升华了城市景观的场所特质，又不侵害影响其他生命体的生存质量，同时还具有防风固土、涵蓄水源等生态功能，以无限延伸的方式拓展当代艺术在城市景观场所精神中表征"生态价值"的可能性及影响力（图4.26）。

---

① 陈宇.城市景观的视觉评价[M].南京：东南大学出版社，2006.

2）生态维度的表征意义

（1）公共艺术促进生态文明建设

加强生态价值观念先要让公众明确生态文明建设的重要性。公共艺术作为人类文明的物化载体，应当具备生态文明的价值意义，以特有的语言和形式，积极介入城市景观生态价值的彰显。在当今的社会背景下，公共艺术应综合关注自然和人文生态价值等层面的问题，明确生态文明是城市公共艺术创作的核心和基础，并以之作为当代公共艺术介入城市景观场所精神表征的导向。艺术家通过公共艺术向公众传达生态和环保意识，公共艺术由此成为城市生态文明建设的重要手段。城市公共艺术生态观念的蕴含，可以使公众的欣赏习性及消费方式向注重生态的方向转变。

图4.26　大地延伸线

图片来源：景育民提供

（2）公共艺术提升景观环境的生态质量

公共艺术以物质实体的形态介入城市景观环境中，通过材料、功能、观念等方面的属性作用于城市景观环境的生态质量提升。

公共艺术的外在物质形态通过特定的材料、功能和观念来呈现。公共艺术是处于城市景观中的艺术，除却材料的文化属性，应更多关注其环境层面的材料、功能和观念属性，材料的选用、物质功能的具备和转换以及生态观念的传达对所在环境会产生直接的影响。优秀的公共艺术作品会综合考虑其对所在环境的影响，巧妙选取、综合运用生态性和地域性材料，传达积极的环境生态观，杜绝对环境的污染和破坏，使作品与所在环境相融合。

如近年来，艺术家开始关注工业废品的问题，努力"变废为宝"，让工业废品展现出独特的艺术和景观魅力。工业废品虽然已经失去了原有的材质属性和使用功能，但并不是毫无利用价值。艺术家借助公共艺术赋予它们特有的生态、美学和文化属性，使其成为一种具有生态信息传递功能的新形式材料，解决了当今废旧材料的环境污染和破坏问题。通过这些公共艺术作品，可进一步去唤醒人们关爱和呵护

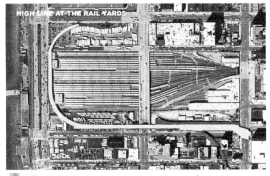

图4.27　美国纽约空中步道

生存环境的意识，传播人类同属一个地球村的生命价值体验。例如获得国际公共艺术大奖的美国纽约市空中步道就是通过公共艺术的手段对遗留的工业化废旧垃圾进行改造。这里原来是一段废弃的高架铁路，一度成为纽约脏、乱、差的代言。该项目在利用和改造铁路结构的基础上，创造了高居城市街道上空的立体凌空公园。这是一个体现地域性和历史性保护的更新项目，通过公共艺术对城市的工业"伤疤"进行修复，并将该区域的三个历史时期的特征有机融合，打造了一条历史与现代共融的空中景观绿廊（图4.27）。

4.3.3　体验维度

体验性是人与公共艺术之间最直接的行为认知感受，主体通过行为活动直接对公共艺术及其所在环境进行特定要素和空间的体验，各种行为体验信息的集合构成公众对公共艺术价值进行评判的重要依据。

1）体验维度的表征呈现

公共艺术在体验维度的表征是通过情节性传达使公众获得体验价值的重要途径。从主体的"唤醒和愉快的维度"出发，通过对这些感受进行系列性串联，形成具有可体验性的过程事件，公共艺术为城市景观环境感知和公众之间的桥梁。具有相同背景的体验者以集体的"无意识"进行环境认知，并形成环境的地域认同感。城市景观场所精神表征是对公众自身环境特色体验的回归，具有情节性的公共艺术会让公众通过参与而和景观环境产生共鸣，这种充满感性的巨大力量可以使公众产生环境行为的可意象性，唤醒激动、愉悦、振奋等情感，拥有美好的体验感受（图4.28）。

介入城市景观的公共艺术将事件情节进行有机关联，进而形成记忆簇，使公众获得特定景观环境中的深刻记忆。情节性的公共艺术就是让公众去体验环境中的"故事"，引发公众的共鸣，以感知度和参与度提升公共艺术的情感附加值，进而拥有更好的体验价值（图4.29）。

公共艺术的体验性与所在城市景观环境蕴含的特有情节密切相关，通过对公共艺术的体验，公众可以更好地感知和认识城市景观的独一无二，聆听城市自己的故事。优秀公共艺术项目的体验性具有唯一性和不可复制性。

2）体验维度的表征过程

城市景观环境中的公共艺术与人的情感体验有机关联，基于"以人为本"创作理念，必须把公共艺术与人的行为及需求进行全面统一的处理，充分认知公众在体验中的情感唤醒和认同，建构具有特殊感染力的景观环境。

公共艺术的体验性建立在情节性经历基础上，是人的情感寄托和宣泄的物化载体，同时与所在区域景观环境关联，蕴含着所在城市的文化和精神特质。具有体验性的公共艺术的情感传达源自公众的交往、情感、互动等城市生活经历的方方面面（图4.30）。具有体验性的公共艺术情感传达模式的建构，在于深入分析公众对公共

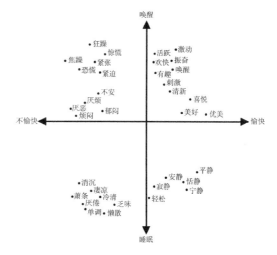

图4.28 唤醒和愉快的维度

图片来源：马钦忠提供

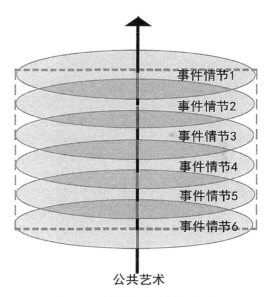

图4.29 公共艺术所形成的记忆簇

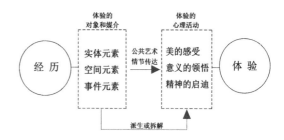

图4.30 经历和体验的关系

图4.31　上室

图片来源：王中.城市公共艺术概论[M].
北京：北京大学出版社，2004.

艺术的情节性体验后的认识和反馈。公共艺术情感传达的展开主要是围绕公众的情节性体验而展开。首先，公众身体和视觉的连续移动获得体验的各个片段，这些体验的片段整合在一起就构成了对公共艺术的体验整体；其次，公共艺术的体验过程如同阅读一部文学作品，体验者被假设在情节体验中，按照设计师的安排，逐步明晰对公共艺术内涵的感知；最后，在体验的过程中，各个印迹相互重叠，并在潜移默化中不断修正和扩充公众对公共艺术的整体感知。体验的结果是通过对各个细节的记忆，完成对公共艺术的整体情感把握。

3）体验维度的表征意义

公共艺术在当今城市景观的场所精神表征中发挥着越来越重要的作用，在远离了神话和英雄史诗的时代，远离了强迫式和说教式的训导时期，当今时代关注的核心是人的生存体验，公共艺术的使命就是通过公众的体验阅读，构成地域特征的感知和记忆，推动公众的精神交流与沟通。公共艺术的公共性赋予了公众现实体验的更多可能性，也为公众提供了广阔的想象空间。从人文关怀的角度出发，公共艺术不应是被动的接受和认可，而应该让公众去主动体验和感知，赋予公众更多的情感寄托，实现他们对公共艺术的认同感。"人的灵魂最深刻的泉源，是一条不可规范的河流，向着未来敞开。"[①] 因此，公共艺术的体验性价值在于满足公众更多自由体验的可能性，构建起各自的认同模式，最终形成殊异的体验感受。

奈斯·史密斯创作的公共艺术作品《上室》给公众营造了一处积极的空间体验场。艺术家超越文化和地域的界限，以更广的视角进行了特有场所精神的表征（图4.31）。

---

① M.兰德曼著.哲学人类学[M].贵阳：贵州人民出版社，1998.

自从尼采宣布"上帝死了"之后，宗教的虔诚让位于拜物教，在物欲横流的时代，现代繁忙的社会生活也似乎失去了前工业社会的情趣，陷入高速化的机械化运转而无法自拔。奈斯·史密斯带着对社会现状的反思，重新整合人的精神思索与现实生活的体验，整合原有的虔诚与情趣，整合宗教与城市生活，营造了一处形而上的精神体验空间。侧面是红色混凝土和碎石混合而浇筑的序列柱，是富有装饰味道的棕榈树暗喻的建筑物造型。柱阵内设置了一条长方形长桌，桌上是几个国际象棋的装饰，桌面中心长出一棵半抽象造型的棕榈树，树上镶嵌的彩色马赛克强化了童话世界的神秘色彩。公众进入这个空间，似乎能够感到来自古埃及庙宇的神秘和建筑背后的安详，正是这种神秘和安详成就了大都市人的精神避难和虚幻的天堂。

4.3.4 交互维度

所谓交互指的是因素之间的相互作用、相互影响、相互联系。互动价值体现在人工制品对人的行为力的承载度及二者的联系度上。公共艺术毫无疑问是一种介入城市景观"地域环境"和公众沟通的人工制品，这意味着，比起架上艺术，我们更应该在场所精神表征层面广泛和深入解析"城市景观""公众""公共艺术"三大因素的相互关系，并力求把三者充分调动起来，调动的过程其实就是彼此互动的过程。原研哉在《设计中的设计》一书中指出："对于设计而言，新旧媒体并无太大不同。设计要做的，是将它们放到一个宽阔的视野中综合地加以利用。"[①]

1）交互维度的表征呈现

"在当今公众的日常生活中，比起神圣和崇高之物，公众的行为时时刻刻都在被'常识'切实地塑造，帕森斯的'行为逻辑'理论和库恩的'范式'理论在很大程度上都是对这种公众的行为产生影响的'常识'的社会学表述。"[②]而米德的交往符号理论，可以看作是这种"行为逻辑"和"范式"如何激发公众的互动行为并达到协同性的建构。

城市公共艺术的互动性是在作品、公众与所在城市景观环境之间的良性交流、沟通、选择和影响的关系中形成的（图4.32）。在良好的互动中形成了公众交往符号，并作为一种"常识"在公众的参与过程中形成"行为逻辑"的"范式"，公共艺术互动性很好地体现了公共艺术、公众、城市景观之间的密切关系。诺伯舒兹曾经

---

① 原研哉.设计中的设计[M].济南：山东人民出版社：2010.

② 黛安娜·克兰.人类动机激发的文化概念和它对于文化理论的重要性[M].南京：南京大学出版社，2006.

说过："环境与行为相结合便构成了场所，场所都是有明确特征的空间。"[①] 公共艺术通过诱发公众的"行为逻辑"并与所在空间环境进行有机结合，而产生地域性意义的场所精神，公共艺术的互动价值便得以确立。

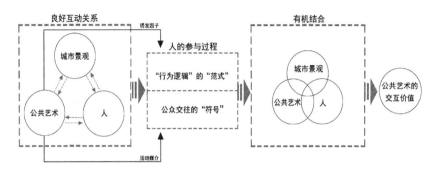

图4.32   公共艺术介入城市景观场所精神表征中的交互维度

公共艺术的互动维度的表征主要表现在"行为逻辑"的两个方面：一是公共艺术在创作过程中与公众的互动；二是同时或者不同时在感受公共艺术的过程中公众与公共艺术、公众与环境、公众与公众等之间的多元化互动。具有互动价值的城市公共艺术就是公共"行为逻辑"的形成过程，是主体自发性地对交互"范式"的探索与向往，这种交互既体现在感官上，更体现在行为和精神上。公共艺术是这些"行为逻辑"产生的诱发因子和活动媒介。人的行为活动与公共艺术存在着互补关系，人为满足各种需求而进行的行为活动在一定程度上创造和丰富着公共艺术，使其富有活力和生机；具有互动特质的公共艺术，在满足人们行为活动需求的同时，也在公众的价值认同中发挥积极的作用。

行为场景理论证明，公共艺术及其营造的环境具有的特定互动特征往往支撑着公众某些固定的行为模式，尽管参与互动的人群在变，但是公共艺术所支撑的行为模式却仍然在不断重复，公共艺术所营造的这种环境就具有了互动的场所精神。参与者与公共艺术之间似乎存在着一种化学反应，公共艺术作为互动行为产生的催化剂，为公众参与行为诱发创造了条件。

2）互动维度的表征手段

（1）通过"行为符号"呈现

米德认为，个体的心灵与自我的特征以及具体的互动过程是个人通过想象性的预演将自己置于他人的地位，用他人的角度来调节自己的行为，并力图使自己

---

① 诺伯舒兹.场所特质：迈向建筑现象学[M].施植明译.北京：华中科技大学出版社，2010.

对"行为符号"的理解和他人保持一致,从而产生并维系公众之间的参与和交往互动的过程,公众通过参与而认同的"行为符号"既是对环境的定义,又是对自我的定义,而公共艺术正是城市景观环境中"行为符号"的视觉定义物。因此,公众对"行为符号"的认同是公共艺术互动价值的呈现,公共艺术作为"行为符号"促使着公众沟通和交流活动的展开和衍生,通过视觉的欣赏、身体的运动、内心的活动,公众个体的感官和行为需求充分与公共艺术碰撞,并获得精神的满足和情感的释放,达到互动的协同,同时还可以通过行为象征物的塑造,达到进一步的激发,从而形成"互动仪式链"。兰德尔·柯林斯阐述:"涂尔干和戈夫曼的定义假设,象征物已经被建构出来。在围观的经验上,这就意味着它们的制造过程在前,因此这个事例就是以前发生的事的重复。这不是孤立的仪式,而是互动仪式链。把涂尔干和戈夫曼的理论研究联系在一起,提醒我们,仪式不仅表现的是对象征物的尊敬,而且也建构了象征物一样的对象,而且如果仪式不及时举办,那么其象征性也会消失。"[①] 公共艺术只有保持"互动仪式链"的持续运转,才能保持其"行为符号"的象征性,有效发挥在城市景观环境认同感提升中的价值。

（2）通过公共生活呈现

公共艺术的互动价值营造了城市景观环境中的公共生活,这种公共生活并非是同质化的生活,而是多样生活的多元化共存,体现了人的独立和自由,并在一种认同中得到公众的承认。公共艺术的互动价值所构建的公共生活可以增进公众参与的乐趣和积极性,提升社会价值,并满足参与者的生活愿望。哈贝马斯认为:"总之,在现代的条件下,来自各行各业的公众的自由在于他们自我满足的对话和聆听,并作出决定。公众自信他们有能力承担公共事务,从而通过他们自己的努力来维护和改变这个世界,他们将进一步品尝这种自由的经验。"[②] 在多大程度上实现了这种公共生活,那么就在多大程度上得到了公众对公共艺术互动价值的认可。公共生活的营造,不是通过城市景观的功能分区和生态建设就可以解决的,必须依靠公共艺术互动价值的营造。

只要公共艺术具有互动价值,就可能引发公众的积极参与行为。1996年荷兰鹿特丹建成的斯豪堡广场中（图4.33）,设计师高伊斯通过具有互动性的公共艺术作品创造了一种"城市生活舞台"形象,广场中最吸引人的是4个35m高的红色水压灯,像是巨大的活动雕塑,每隔一个小时它就会改变一次形状,公众可以通过投

---

① 兰德尔·柯林斯.互动仪式链[M].北京:商务印书馆,2009.
② 柯博格·布罗伊尔等.德国哲学家圆桌[M].北京:华夏出版社,2003.

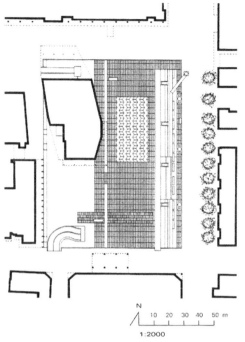

图4.33　荷兰鹿特丹斯豪堡广场

图片来源：扬·盖尔.新城市空间[M].北京：中国建筑工业出版社，2003.

币来进行操控。夜晚时分，利用投影机投出的巨大画面，将整个广场变成一件巨大的互动装置艺术作品，投影机将广场中人的影像投射到建筑上，人的影像和环境融为一体，同时人的影像比例和尺度的改变又令人产生一种奇妙的感觉，巨大人影似乎在和城市进行着密切的对话。

3）交互维度的表征意义

（1）提升公众交往

城市景观环境是人们日常社会生活与人际交往的重要场所，公众参与度的提升在城市景观场所精神表征中意义重大。随着我国经济社会的发展，城市景观环境膨胀式建设和发展，但较之之前的老街、公园等城市景观，其参与度却急剧下滑。城市景观环境本应提高使用率，却呈现出弱化的趋势，因此越来越多的景观设计师致力于提升城市景观中的公众交往和地域活力。公共艺术的介入可以有效提升城市景观的吸引力和活力，让更多的公众通过良好的互动，积极参与城市景观环境中。

（2）体现人文关怀

人文关怀下的公共艺术项目倡导"以人为本"，强调与公众的沟通与交流，致力于城市景观环境的公众交往提升，彰显城市景观的地域认同感。沟通和交流是公众在社会群体生活中的本能，公众以公共艺术为媒介，在观看和感受的交互过程中增进彼此的认知和了解。因此，城市景观中的公共艺术围绕公众沟通和交流的互动模式进行协调，为公众提供交往的条件，使公众与公共艺术以及公众与公众之间产生良好的互动，在参与性城市景观场所精神表征中发挥积极的价值和作用。

公共艺术通过互动可以诱发公众的自发活动状态，当参与互动的人数越来越多时，活动的形式就趋于统一，活动的目标也趋于稳定，这时的活动就衍生为公众的互动模式，即公众为了相同的参与需求进行的相似或相同的行为。参与公共艺术互动的群体分为活动者的行为参与和观看者的视觉参与两部分，有时候活动与公共艺术融为一体，也成为被观看的组成部分，因此，景观环境中的公众可以通过多种形式参与公共艺术的互动，增进彼此的对话与交流。

4.3.5 归属维度

1）归属维度的表征呈现

沙里宁指出："文化内涵是城市具有归属感的关键要素，单从空间的表现形式上就可以得出区域人群的精神诉求，没有归属感的城市，何来文化魅力？"归属感诉求在城市建设中意义重大。归属感，又可以称之为隶属感，体现的是个体与群体间的一种内在所属关系，是某一个体与特殊群体之间从属关系的划定、认同和维系的心理表现，公众对城市景观的归属感则是指长期居住和生活在某一区域景观环境中的群体，对该区域内的自然因素和社会因素等可识别性信息的心理反应，如认同、喜爱、依恋和共鸣。但是当前城市景观存在的突出问题就是"千篇一律"，地域性场所精神匮乏，可识别性的信息非常模糊，相应也无法形成归属感。

人们在改变生存环境的同时，具有了适应于地域性特征的独特生活解读方式，并随着不断的传承和发扬，逐步形成了差异性的场所精神，即"地方的定向感和认同感"。诺伯舒兹曾经说过，人一定要生活在有意义的物质和精神环境中，这里指的便是"场所"。场所主要由三个要素构成：人、地、物。人指的是社会的公众群体；地指的是时空的界域；而物就是场所中的实体。公共艺术作为城市场所精神物化的实体，是对城市物质和社会形态的内在反映，在特殊的自然环境和社会环境的影响下彰显出独特的场所"气质"，这种具有差异性的场所"气质"可以清晰把各个区域区分开来，并由此唤醒公众对城市景观环境的归属感。公共艺术将公众的生活经历与特定的场所发生的密切关系诠释出来，唤起他们生命中特有的经历和感受记忆，传达的过程就是场所精神传达和差异性气质形成的过程。

具有差异性"气质"的公共艺术是营造具有"归属感"景观环境的重要构成因素之一。公共艺术在城市景观环境中不是孤立存在的，而是与所在场所中的所有元素相互联系形成"情感惯例"，由此让公众感受到景观环境的亲切、安全、兴奋、激动，以至于记忆和归属之情油然而生。人们总是通过特定场所中的意义对自我进行定义，从而形成地域意识，海德格尔的基本理论也揭示出人类不可能脱离世界而进行思考，这个世界就是产生"归属感"的特定场所，在这个世界里，"人们有着不同的意象，诸如住在哪里，工作或者经过哪里，这些不同的意象造就了不同的'地方'，对于'地方'的意义程度表现为我们对'地方'的意义的'关心'度。"① 更进一步推论，这种关心表现出"一种'方向'性的韵律，犹如路径，是物理性的，但却具体化了时间的向度，此向度便走向了对场所的价值认同。"② 公共艺术所彰显的具有认同价值的场所精神不但是构成城市景观环境特色的视觉元素，还塑造了城市"气质"的识别标识，可让公众在纷杂的景观环境中寻求自身"方向"性的定位符号并产生认同感，由此赋予公共艺术归属属性。其表征主要体现在形成中心、确定方向、形成标志三个方面（表4.7）。

归属维度的表征呈现

表4.7

名称	释义	图解
形成中心	诺伯舒兹认为："人都具有对中心最基本的存在需求，具有向心感，存在着一种心理归属感。"③ 城市景观环境只有有了中心，人们才能够在心理上建立秩序的可依托性。也就是说公共艺术的形成中心存在的意义就是使公众在这里可以充分建立感知、体验和认可环境，进而满足交往需求	
确定方向	确定方向指的是公众对物体在空间中的关系、位置及自身所处的位置的感知。利用公共艺术的设置可以对公众在景观环境中的方位进行定位，并通过特定的形象传达出特定的地域文化内涵，给欣赏者留下深刻的印象，同时对识别整体的城市景观产生良好的作用	
形成标志	所谓的标志是指观察者的外部参考对象。可以充分利用公共艺术醒目的形象来形成标志，为公众指明方向。目前，城市景观依靠公共艺术做导向性和吸引性标志的趋势越来越明显，对公共艺术独一无二特殊性的关注胜过了对其他要素连续性的关注	

2）归属维度表征的意义（图4.34）

（1）城市景观场所的归属认同

具有归属感的公共艺术可以有效提升城市景观环境的识别力、感染力和凝聚

---

① 迈克·克朗.文化地理学[M].杨淑华，宋慧敏译.南京：南京大学出版社，2005.

② 诺伯舒兹.场所精神：迈向建筑现象学[M].施植明译.武汉：华中科技大学出版社，2010.

③ 诺伯舒兹.场所精神：迈向建筑现象学[M].施植明译.武汉：华中科技大学出版社，2010.

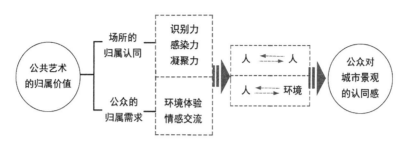

图4.34 公共艺术的归属价值存在的意义

力，成为人与人、人与景观环境进行交往和互动的催化剂，成为公共艺术理论和实践研究的重要内容。

公共艺术可以构建出人与人之间、人与地之间的感情纽带，营造有助于公众认同的集会和交流场所，通过可识别性的增强，提高城市景观的归属感。约翰·奥姆斯比·西蒙兹指出景观环境是产生归属感的重要地方，城市景观是一个多层次的自然和社会系统，公共艺术在其中适应一定的社会结构层次、公众日常交往和心理行为认知的规律特征，以此强化不同空间环境的归属属性。因此在城市景观环境中，公共艺术的"人性化"布局可通过突出本土文化、风俗习惯、历史记忆等地域性内涵，与景观环境的形态和结构产生密切的关系，达成公众的心理和行为认同。

（2）公众的归属需求

公共艺术是公众进行景观环境体验和情感交流的重要纽带，公众通过公共艺术建立起共同的价值认同，并通过一定的体验和交流拉近人与人、人与景观环境之间的距离，因此公共艺术与公众的归属需求关系密切，在一定层面上体现出物质与意识的关系。公共艺术不仅可提升环境品质，还可建构起具有归属性的新的关系——一种人与人、人与自然、人与社会之间的认同和协调关系，在满足人的生理需求的同时满足人的精神需求，营造出具有归属感的心理和社会环境。公共艺术应重视公众对城市景观环境的精神文化内涵需求的体现，使生活在城市景观环境中的人拥有心理和精神上的情感共鸣、文化认同，进而满足其归属需求。

3）归属价值的呈现

公共艺术通过特定的形象来呈现其归属价值，即公众通过对其形象的认同产生归属感。"形象是人在特定的条件下，通过视觉、听觉、触觉等感觉器官，对他人或事物由其内在特点决定的外在表现的总体评价和印象。"[1]归属感是人们通过视觉、听觉、触觉等感觉器官，对公共艺术及其所在城市景观环境的总体评价和印象

---

[1] 秦启文，周永康.形象学导论[M].北京：社会科学文献出版社，2004.

认同，公共艺术通过外在形象作用于人的感觉器官和心理感应（外在形象不仅是物质的，更是寄以情感和精神的），唤起人们对城市的情感联想、历史记忆和精神共鸣（图4.35）。

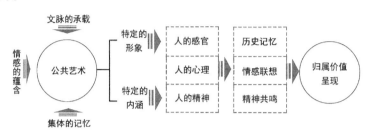

图4.35 公共艺术的归属价值的呈现

从符号学角度来看，城市景观环境中的公共艺术就是一种具有归属感的"精神符号"，它运用特有的形式语言，表达着城市景观环境中的多重文化内涵，可以是对历史符号的传承与创新，也可以是对当今语义学的诠释与发展，公共艺术应携带地域文化基因全面介入城市景观的建设中，在彰显独特文脉和精神气质的同时，呈现公共精神和公众意志。

位于墨尔本亚拉河上的山德里奇大桥通过改造成了一座既有历史感又有公共艺术特色的行人和自行车专用桥，一处独具归属价值的城市景观风景线。黎巴嫩艺术家纳迪姆·卡拉姆的作品《行人》立于桥之上，由通透的玻璃和不锈钢剪影构成，128块透明玻璃上记述着大量移民者的故事以及墨尔本一次次移民的历史浪潮，玻璃板上的人物剪影雕塑采用不锈钢网格编织而成，这些人物形态来源于移民的迁移状态，并具有鲜明的土著艺术风格。桥边的滨水景观中，由阿姆斯特朗等人创作的公共艺术《星座》表现了墨尔本的移民历史和文化的多样性，是政府重要的景观提升项目之一。《星座》的基座采用五件海运船柱部件制作而成，上方是极具原住民色彩的图腾造像，分别是男人、女人、龙、狮子和鸟。作品记录了早期移民开发墨尔本的故事，象征着对多元始祖的祭奠。行人行走于桥上或河边，会不经意间被这些公共艺术作品所吸引，在欣赏的过程中，一种归属感和认同感便会油然而生（图4.36）。

4.4 小结

在当今城市景观环境中，人们能够感受到的场所精神是对特定环境进行表征的结果。公共艺术作为城市景观场所精神表征的重要载体和手段，需通过对特定环境

图4.36 行人及星座

图片来源：王中.城市公共艺术概论[M].北京：北京大学出版社，2004.

的表征逐步实现对城市景观从原始认知到诱发感知，最终形成综合意象的认知历程，从而形成人们在城市景观中的定向感和认同感。

　　基于城市景观场所精神表征的公共艺术介入既受到了景观构成元素的影响（包括实体元素、空间元素和事件元素），也受到了感知主体需求元素的影响（包括审美需求、生态需求、体验需求、交互需求和归属需求），它们之间存在着密切的联系。首先，介入定向感表征的各种元素并不是孤立存在而发生作用的，而是作为整体去影响场所精神的表征，因此公共艺术的介入需要综合协调各种实体、空间和事件元素之间的关系，从而给人以整体的定向感；其次，从城市景观场所精神表征的认同价值取向来看，公共艺术的介入相对应的表征维度，最终通过对公众需求的满足，形成对景观环境的整体认同感，体现城市人文关怀。

5

公共艺术介入策略及理论构建

　　人文关怀提升视角下，基于城市景观场所精神表征的公共艺术介入策略——"一核两式五维"的介入策略是建立在"定向感"和"认同感"两种场所精神特性的基础上，整合同济大学王云才教授提出的当今城市景观场所精神缺失的三大层面、哈尔滨工业大学建筑学院郭恩章教授从我国国情出发提出的高质量城市公共空间的十个特性、江南大学杨茂川教授提出的人文关怀视野下的城市公共空间设计的四大策略，结合"立象以尽意"的传统造物哲学观，协同公共艺术可介入的定向感构成元素和认同感构成元素系统构建而成。所谓"一核"，是指以"立象以尽意"的传统造物哲学观为核心；"两式"是指根据场地现状条件，从场所精神的定向感表征层面，构建原有场地实体与空间元素的完善与凸显策略和载入场地事件元素的再生和重塑策略；"五维"是指从城市景观认同感表征层面出发，根据感知主体（公众）的实际认同感需求，从审美认同、生态认同、体验认同、交互认同和归属认同五个维度构建的"五维"认同感介入策略（图5.1）。

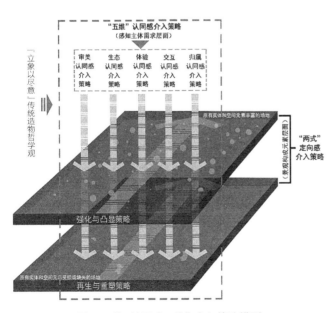

图5.1 "一核两式五维"介入策略模型

5.1 传统造物哲学观的启示

5.1.1 "立象以尽意"的哲学内涵诠释

中国的传统哲学是探讨语言和思想二者关系的语义分析的哲学，即研究"形式和内容"之间的问题。中国古代哲学家对于客观事物外在及内在规律的认知是通过对"象"和"意"的辩证关系的理解形成的，提出了蕴含"形与神""景与情""实与虚""有与无""外与内"等的"立象以尽意"的艺术造物观。

"立象以尽意"的哲学观中的"意"是指通过人们心理和精神层面的感知行为而获得"意义"认知，"象"则指通过人们的实践活动而创造的具体存在的客观事物。客观的"象"是对抽象的"意"的物化，抽象的"意"是客观的"象"的"意义"反映，"意"和"象"是对立统一体。公共艺术作为场所精神表征之"象"是表意的工具，是刺激公众行为反应的"可意象"，同时，公共艺术只有按照特定的场所精神表征之"意"进行创造，其"象"才具有价值意义（图5.2）。

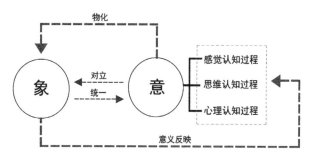

图5.2　"象"与"意"的辩证关系

1）象

"象"传"意"，"象"本身不是终极目的。"象在《说文解字》中，一曰指事，二曰指形，《周易》中阐述象为想象之义，还有些研究者认为'象'可分为物象、意象和法象三义。"① 笔者认为公共艺术作为造物之象，意指"可意之象"，应体现城市景观场所精神表征的意图，因而场所精神是象与意关系的纽带，正如凯文·林奇提及的"可意象"，即通过有意图的形体或空间创造出表达明晰的意象特质。"象"是"意"的投射产物，是由内到外的表意之象的外化，因而是有特定"意义"（价值）的有形的、具体的、客观的"可意象"之物。

2）意

"意"生"象"。在中国传统哲学中，"意"属于形而上的范畴，是探索世界万

---

① 高华平．"言意之辩"与魏晋之学理论的新成就[J].华东师范大学学报（人文社科版），2001，40（2）：72.

物本源的核心所在。正如亚里士多德所讲的"存在之存在"，其"之存在"便是对"意"的表达。公共艺术因为具有"意"而存在。

3）"象"与"意"的逻辑关系认知

从符号学角度来讲，"象"是作为"意"的符号而存在的，因此可以用符号学中的二元一体模型来进行二者逻辑关系的认知。

图5.3   "能指"与"所指"二元结构模型

瑞士著名的符号学家索绪尔构建的"能指和所指"二元结构模型，科学阐述了符号的概念。造物作为意义符号，由能指（象之形式）和所指（意之内容）"合并"而成（图5.3）。能指是客观事物的外在表现形式，可以理解为具有一定辨识度的客观存在的刺激物；所指则是指内心的观念所表达的意思，是符号的内在的意义蕴含。正如索绪尔所言："语言可以比作一张纸，思想是正面，声音是反面。"① 因此，外在的"能指"和内在的"所指"在场所中的结合便形成了有意义的符号。

意义符号之"象"是通过符号能指和所指的结合而获得的，并由特定的符号按照一定的编码规则确立起来，同时具有了符号的外延意义。以公共艺术为例，能指就是具有形式的造型，同时具有占据和丰富空间等功能的外延意义。也就是说意义符号之象就是通过相关的能指要素，诸如实体、空间、事件、感知主体等元素，表现特定的形式内涵，在符号学中被称为明示意，即外延意义。

意义符号之"意"并非是单纯的通过塑造形象来满足表面化的功能需求，更体现出对情感和精神的蕴含和表达，在符号学中又称作"暗示意"，由表及里，从而引发公众内心深处的价值认同。

明示意和暗示意二者密切联系、不可分割，明示意是客观事物进行表达的前提，暗示意则进行表达的归宿。公共艺术作为一种场所精神表征的意义符号，只有将明示意和暗示意合并才能构成全面的语义，如同上述公共艺术的例子，除了具备占据和丰富空间等功能之外（明示意），同时要在蕴含地域性审美、生态、体验、互动、归属等内在价值构成时才更具有意义（暗示意）（图5.4）。

图5.4   意义符号的结构关系

① 费·德·索绪尔.普通语言学教程[M].高名凯译.上海：商务印刷出版社，1980.

5.1.2 公共艺术的完形、立象与尽意

作为城市景观场所精神表征的公共艺术是以场所内的自然环境系统为基地，以人文思想为内涵，结合人的感知需求，对场地实体元素、空间元素、事件元素和感知主体元素进行艺术化处理，从场所精神结构中的两个方面以及场所精神建构的五个维度出发，系统化构建公共艺术介入城市景观场所精神表征的协调介入策略。按照中国"立象以尽意"的哲学思想，公共艺术对城市景观场所精神表征包含完形、立象、尽意三个层次。

公共艺术正是通过形态的塑造给人以特殊的印象，从而表征出独特的场所精神，是形、象、意共同作用的结果（图5.5）。与古典园林中的艺术品设置不同的是，现代景观中的公共艺术更多的是对场地内地域性自然环境和人文环境的尊重，对场地内人们生存和生活状态的记忆，并按照当代审美方式建立"诗意的栖居"环境，从而实现对场所精神意义的表征，形成人们对场所的认同（表5.1）。

图 5.5 公共艺术的象、形、意

<div style="text-align:center">公共艺术的完形、立象与尽意</div>		<div style="text-align:right">表5.1</div>
类别	具体方法	案例
完形	即以城市景观中的自然资源和人文资源为基础，从人的感知角度进行公共艺术"形"的塑造。这里的形包括物化的形和空间的形，物化的形是指可以被人看得见、摸得着的实体形态；空间的形是指公共艺术作为实体围合、分割、占据形成的三维空间整体，更多强调人对空间之形的感受	意大利那不勒斯卡塞塔宫苑中的铺地、水体、雕塑等公共艺术之形的设置就是对场所精神表征的完形，并通过序列化的形体将人的视线在空间中引向山顶，宏观尺度构成了开敞的结构（图5.6） **图5.6 意大利卡塞塔宫苑**

类别	具体方法	案例
立象	基于城市景观场所精神表征的公共艺术立象可以理解为人通过对公共艺术的观察和参与等，将直观的感觉形态转化为认知形态和意识形态的过程，这里的"象"指的是印象而非物象，强调人对场所的感知和定位，但还未上升到理性和精神的高度。立象主要受两个方面的因素影响：一是物化形态和空间形态；二是人们已有的认知结构和行为过程	如果没有到过临潼，对于华清池的认知结构可能完全是空白的，也可能通过一些间接经验如书本、网络、媒体或别人的口述产生相关印象。当作为观察者进入临潼华清池广场时，便能够通过感官感受对广场主雕塑所构建的实体和空间形象，从唐玄宗和杨贵妃再到乐伎和大臣的形象，一派大唐的恢宏形象便跃然眼前，公众获得对于华清池的新的整体印象，进而获得更加深刻的认同感和归属感（图5.7） 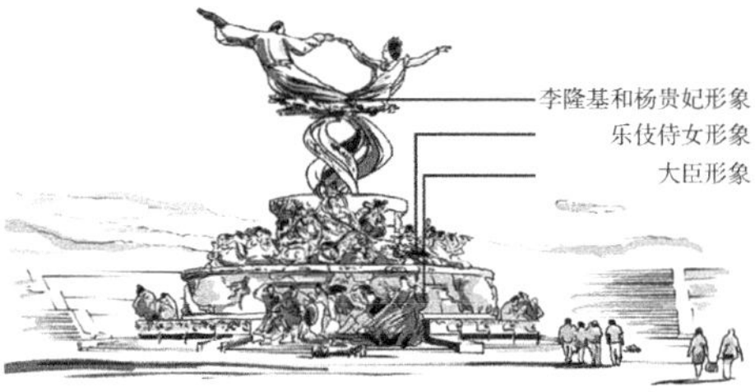 图5.7　华清池广场主雕手稿
尽意	是最终的意境和理性的认同表达，是"完形"和"立象"的目的和精神归宿，这里的"意"可以理解为意境，它是由形和象组合而成，是以人为主体对"形"和"象"的综合提升，"意"和"象"的综合便是意境的营造，即主体审美意识与客观物象的表征有机统一，这是场所精神表征的最终意义。基于城市景观场所精神表征的公共艺术之尽意，是从使用者的角度出发，把普通的实体和空间变为有意义场所的过程，它蕴含着深刻的人类精神诉求	著名雕塑大师布朗库西所创作的公共艺术作品《无尽柱》通过完形、立象和尽意对场所精神进行了表征。整体造型运用单体元素重复而产生节奏感，塑造了作品本身及所在环境的可识别性，每个单体元素都是当地人去世后装骨灰的盒子的形态，这些盒子竖向连续的重复，表达了对逝去英烈的无尽怀念之情（图5.8）  图5.8　无尽柱

5.2 "两式"定向感介入策略

凯文·林奇曾经将场所特质定义为一个区域的地方特色。在人文关怀缺失、认同危机不断蔓延的今天，人们已就尊重场地特色的实体、空间、事件元素以彰显地域性场所精神达成了共识，更多地关注立足场地元素进行场所精神表征的方法研究。根据场地实体或空间元素丰富、贫瘠或者缺失的情况，立足公共艺术可介入的实体、空间和事件元素，公共艺术介入定向感表征的策略，一是原有场地实体和空间元素的完善与凸显策略，二是载入场地事件元素的再生与重塑策略（图5.9）。

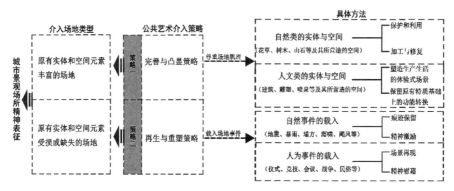

图5.9　"两式"定向感介入策略结构图

5.2.1　原有场地实体与空间元素的完善与凸显策略

原有场地元素的完善与凸显策略是指在公共艺术介入城市景观场所精神表征过程中，充分尊重和利用场地现有的实体和空间元素，深入挖掘它们对于场所精神表征的隐含价值，并积极进行维护、升华、延续或赋予新的意义。具有丰富的实体和空间元素的场所往往是非常敏感的区域，蕴含着大量的历史（时间）信息，一旦破坏便很难进行修复，因此要最大限度地尊重和考量场内原有的元素，采取有效的策略，实现场地内原有的实体和空间元素价值最大化，从而通过新旧元素形式和功能的有机并置，实现对场所精神的表征。为了研究的需要，我们将实体和空间元素分为自然类和人文类两种类型。

1）介入原有自然类实体和空间元素的场所精神表征策略

城市景观往往会通过自然类实体和空间元素被人识别，这些元素必然会成为公共艺术重要的表征载体，在场所表征的需求下，公共艺术介入的首要任务是对场地内原有的自然类实体和空间元素进行评估和分类，从而采用合适的策略，实现场所精神表征价值的最大化。根据原有自然类实体和空间元素评估的不同可以采用两种策略，即对原有自然类实体和空间元素的保护与利用和对原有自然类实体和空间元素的加工与再生。

（1）原有自然类实体和空间元素的保护与利用

以原有的自然类实体和空间元素为创作素材，以自然文化为创作源泉，以反映

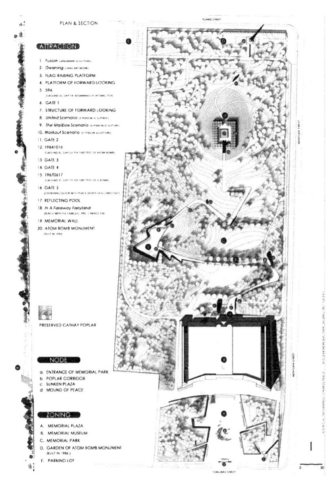

图 5.10　青海省原子城国家级爱国主义教育示范基地纪念园规划
设计平面图

人与自然的关系为创作导向，通过公共艺术的手段对场地内原有的具有场所精神表征价值的花、草、木、石或是成片森林以及空间进行保护和利用，不仅能够体现富有特色的地域风貌，而且可以承载人们对于原有自然的情感和记忆，具有很强的场所感。在公共艺术的介入中要充分保护进而利用场地内原有的自然肌理，对原生的场所精神进行积极表征。

青海省原子城国家级爱国主义教育示范基地纪念园规划设计中保留了原有的 51 棵大青杨，以进行场所精神的表征（图 5.10、图 5.11）。场所中的这 51 棵大青杨已不单纯是植物学意义中的树，也不只是具备生态学中的绿化价值，而是作为公共艺术，并由此上升到精神层面，成为唤起场所情感

记忆的重要元素。整个纪念园以这 51 棵大青杨为设计主题，即"为了那片青杨"。这 51 棵大青杨见证了"两弹"的研发，象征着科研人员坚韧的毅力和信念，记录着数不尽的感人故事，因此成为公共艺术介入的重要载体，并与纪念碑、雕塑、地景艺术等其他公共艺术元素有机融合。

（2）对原有自然类实体和空间元素的加工与修复

利用公共艺术手段对原有的自然类实体和空间元素进行加工的策略与对原有自然类实体和空间元素的利用有着本质的不同，它在体现和塑造特殊的场所气氛的同时，也反映了地域环境内人们的生存和生活状态以及审美情趣、特殊情感。出于表征场所精神的需要，针对场所特质不明显的自然类实体和空间元素，在遵循保持原本物理和文化属性以及地域特色的基础上，通过公共艺术对土地、植被及构成空间

图5.11 青海省原子城国家级爱国主义教育示范基地节点照片

图片来源：朱育帆摄

1.596纪念园入口区；2.高瞻台；3.高瞻台伟人像；4.1号门与596地标；5."远瞩"与"众志成城"；6."远瞩""众志成城"与"和平之丘"；7."众志成城"与青杨视廊；8.青杨视廊；9."众志成城"与"远瞩"；10."夫妻林"下沉坡道；11."夫妻林"西入口下沉坡道；12."夫妻林"；13.倚墙读信的男主人公；14."夫妻林"下沉空间

等元素进行加工利用，使得纯粹的原生元素具有场所的特质；针对被损害但并不严重的自然类实体和空间元素，通过公共艺术对被破坏的元素进行修复改造，使其重获新生，如各类采石场和采矿场的自然再生。公共艺术对自然类实体和空间元素的加工和修复过程会与特定时期人们的行为活动密切相关，在体现人与自然关系的同时，也呈现出历史和文化价值。因此，在公共艺术的介入过程中，应以现有的自然肌理和人的生产生活痕迹为基础，表现出场地独特的生存状态，并与场所精神表征需求相一致，这是一种柔性介入表征的策略。

目前，许多优秀的地景艺术都是在寻求加工和修复原有自然类实体和空间元素。"地景艺术是公共艺术最极端的艺术样式。"[①] 地景艺术又称"大地作品"，也称"大地艺术"，是在自然中创造出的艺术形态，作为公共艺术的一种极端艺术样式，与景观艺术有着千丝万缕的联系，通常使用的是天然的自然材料，诸如土壤、树叶、树枝、岩石等。在创作的过程中，它保持材料的自然本质属性，巧妙运用绑或捆的方法，安排架构及意象进行艺术作品的呈现。地景艺术虽然是艺术创作和大自然的结合，但并不是对自然环境的改造，而是运用艺术的手段对自然类实体和空间元素进行加工和修复，在保留自然真实面貌的同时让人们重新感受与评价环境。地景艺术探求自然元素的平等化和多元化，进一步打破了自然和艺术的界限。地景艺术是置于露天场所中的艺术，因此受自然环境和天气的影响很大，会呈现出瞬息万变、气象万千、朝生暮死等状态，同时融合了概念艺术、偶发艺术、装置艺术等语言，通过诠释当代人生存状态与环境的前瞻性的相互关系，激发公众在体验中获得未知的感受，从而实现场所精神的表征。

罗伯特·史密斯在大盐湖创作了著名的《螺旋防洪堤》作品，11500英尺×15英尺（1英尺≈0.3米）的螺旋形由黑色玄武岩石、盐结晶体、泥土和红水（海藻）形成，通过55m螺旋线获得了象征的意义。艺术家通过诗性的语言表现了自然自我再生和自我毁灭的过程，现在这件作品已经没入了水下几英尺的地方，更巧妙地传达了作者对于自然生命场所精神的表征。地景艺术对现代城市景观设计产生了深远的影响，给当代人思考城市景观场所精神表征带来了更多的启示（图5.12）。

法国艺术家弗兰斯克·埃博朗克在巴黎市政厅广场上所创作的 Qui Croire 草地球（图5.13），通过对原有自然类实体和空间元素的移植和加工处理而闻名。草地设计成三维立体，利用了600m³的沙子和干草，在某一角度上形成了一个立体的巨大半球。人们进入草地球之后，通过行为和心理感知，自然情感流露其中，"地球美好

---

① 马钦忠.公共艺术理论研究[M].北京：中国建筑工业出版社，2017.

家园"的概念在人的心中得以强化，定性感和认同感油然而生。

2）原有人文类实体和空间的场所精神表征策略

基于场所精神表征的公共艺术介入原有场地元素的完善与凸显策略，前提就是存在可以利用的场所元素，这些资源既包括山石树木等自然类元素，也包括人们在长期的生产和生活中创造的各种人文类元素，这里的人文元素主要是指各类人造物实体和空间。从远古时期的巨石阵到今天的民居村落，从农耕文明的生产设施到今天的工业遗存物，人们在漫长的文明长河中留下了大量的人造痕迹，这些人造历史痕迹反映了人们在特定时期和特定场所中的生存方式，公共艺术介入，可以将这些人文元素转换成为记录历史文明的文化载体。本书重点是研究在具有一定的人文类实体和空间元素的场所中，如何通过公共艺术介入进行场所精神表征。一方面，场地内原有的人文类实体和空间元素是人们行为活动的文化载体，厚重的历史积淀是公共艺术进行场所精神表征的最好元素；另一方面，针对当今城市建设，不能一味强调保护，更应运用公共艺术手段强调历史文化与当代人们感知行为的

图5.12　螺旋防洪堤

图5.13　Qui Croire草地球

结合。因此，对于场所中有价值的人文类实体和空间元素，我们既可以利用公共艺术激发其显性的原有特征，也可以塑造新特征。从城市景观场所精神表征来讲，公共艺术的介入主要包括两种策略：一是延续场地原有人文类实体和空间元素功能，塑造生产生活的体验式场景；二是立足于场地原有人文类实体和空间元素，在保留原有特质基础上进行功能转换。

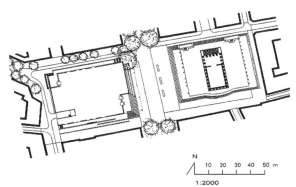

图5.14　法国伽黑广场

图片来源：扬·盖尔.新城市空间[M].何人可译.北京：中国建筑工业出版社，2003.

（1）塑造生产生活的体验式场景

不同时期和地域的人文类实体和空间元素体现了人们独特的生产和生活方式，塑造体验式场景就是力求在不改变或是基本遵循原有人文类实体和空间元素功能的基础上，将场地内的人造物作为公共艺术创作的主要元素，根据当代人的感知需求，适当进行形式和内容上的补充，从而营造出可供当代人体验的场所，在体验的过程中形成对场所的定向和认同。

法国伽黑广场（Place Maison Carree）是一个成功运用公共艺术进行场地原有人文类实体和空间元素功能延续和体验式场景塑造的优秀案例（图5.14）。广场中保留一座完好的古罗马神庙——伽黑神庙，作为公共艺术创作的主要素材，在保留神庙神性特质的基础上，对其自身及所在环境进行处理。神庙原来位于一个由柱廊环绕的古广场中心，柱廊虽已消失，但在场地中保留了柱廊的遗迹，并在新建广场的地面上勾勒出原来古老广场的轮廓。现在的神庙仍在原地，保留原来的高台基座，在高度和尺度上都与周边建筑物相协调，竭力凸显神庙在广场中的主体地位和神性色彩。人们可以进入高台之上的神庙，漫步其中似乎走进了遥远的历史，并与神灵进行着精神的对话。

（2）保留原有特质基础上的功能转换

对场地内具有场所精神表征价值的人文类实体和空间元素进行公共艺术化的完善与凸显，目的是重新唤起人们对曾经的历史的记忆。有些人文类实体和空间元素虽然记录了人类文明的发展历史，但是很多情况下与当今人们的生存方式格格不入，为进行场所精神表征，可在保留原来场地生产和生活肌理的前提下，采用公共艺术的手段对原来人文类实体和空间元素进行现代意义上的功能转换，这样既能保留和记录场地曾经的过去，又能与当今城市生活相融合。尤其是在全球飞速发展的今天，城市风貌日新月异，这种策略也因此呈现出充满历史性、文化性、地域性和现实性的强大生命力。

杜伊斯堡原来是德国一处采炼钢铁的大型工业基地，随着产业的转型，变成了城市污染的重地，最终于1985年被废弃。为提升和改造此处的城市景观环境，彰显独特的场所精神，来自慕尼黑的景观设计师彼得·拉兹和他的合伙人进行了设计，把公园景观现在的意义和过去的功能紧密结合起来，将曾经的冶炼钢铁的工业遗存作为景观文化符号进行突显，并通过公共艺术的手法转换为符合当今公众欣赏和休憩需求的艺术品，同时运用当今的科技手段，对公共艺术品进行艺术亮化，极富现代感和吸引力。"不少煤炭采掘设施如传送带、大型设备，甚至矿工们住过的临时工棚、破旧的汽车也被利用，成为艺术的一部分，矿坑、废弃的设备和艺术家的大地艺术作品交融在一起，形成荒野的、浪漫的景观。"[①] 通过公共艺术的介入，立足于场地原有人文类实体和空间元素，在保留原有特质基础上实现了功能转换，原有的设施和设备变成了公共艺术作品，场地的功能也由原有的工业生产转换成今天的休闲体验。尽管功能转换了，但是场所的空间特质被承载着人们记忆的人工建造物和各类元素所延续，在观赏和休闲之中，唤起公众与场所的情感共鸣，场所精神也由此被表征得淋漓尽致（图5.15、图5.16）。

5.2.2 载入场地事件元素的再生和重塑式策略

载入场地元素的再生策略是指在公共艺术介入城市景观场所精神表征中，针对原有场地实体和空间元素破坏或匮乏的现状，在场地和人之间通过引入能够引发公

---

① 王向荣，任京燕.从工业废弃地道绿色公园：景观设计与工业废弃地的更新[J].中国园林，2003（3）：13.

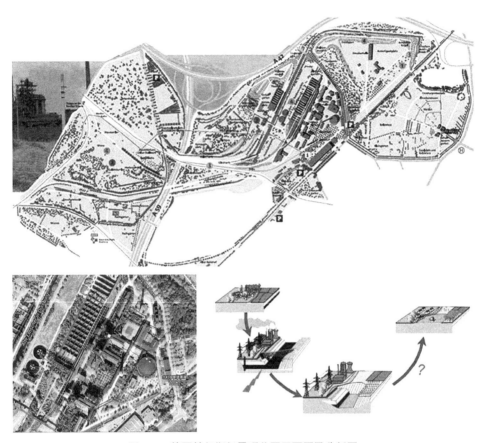

图5.15　德国杜伊斯堡景观公园平面图及分析图

图5.16　杜伊斯堡景观公园中的公共艺术

众情感的媒介，即从特定的地域文化中发掘可以唤起人们情感和记忆的各类事件元素，作为再生与重塑元素，以公共艺术的手段进行设计和组织，实现对场所精神的表征。再生是生物学中的一个概念，指的是生物体的整体或者某一部分器官受外力作用发生创伤而丢失，但是可以在剩余部分的基础上再次长出与原结构关系密切的新形态。所谓重塑是指原有事物已经消亡而根据其特性进行重新塑造，塑造的过程强调与原事物的密切联系。

公共艺术作为场所环境再生与重塑的重要手段，通过载入事件元素进行场所精神的表征，尤其在原本受损或缺乏实体和空间元素资源而载入事件元素的场地环境中，其效应会更加明显，实现了事件元素与场所、人的融合反应，从而催生了人们对场所的定向和认同。事件按照属性可以分为自然事件和人为事件，其中人为事件按照发生期又可以分为突发性事件和恒常性事件。

1）自然事件的载入

公共艺术可载入的自然事件是指给人们的生产和生活带来了巨大的经济损失，对于场地环境特质的影响超过之前任何元素的事件，如地震、暴雨、塌方、泥石流、海啸、飓风等；在这些事件发生后，从人文关怀的角度出发，运用公共艺术进行场所精神表征尤为重要。根据侧重点的不同，表达的内涵也不尽相同，可能是突出纪念价值，也可能是强调自然的力量。

唐山地震遗址公园景观设计中最大限度地对基地的潜在优势进行了挖掘，通过公共艺术手段构建的通向地震遗址而且贯穿基地南北的"纪念之路"和长达400m的纪念墙构成了景观的主体。

"纪念之路"作为景观线性要素——一段被地震力破坏扭曲的废弃铁轨，运用艺术化手段将散落的碎石与地震折弯的铁轨组合，在营造特殊景观视觉效果的同时，进一步升华自然力量，并组合置于大的水池环境中，诠释"安抚和关爱"的深刻内涵。

地震死难者的黑色花岗石纪念墙将24万名死难者的名字以一种"匀质化"的方式刻在抛光的黑色花岗石墙面上，纪念也是精神的凝聚体。刻满名字的墙体"切割"了整个基地，进一步强化了基地纵深感，在空间中形成了明确的方向。天空、大地、周围景物以及参观瞻仰的人影反射在高度抛光的黑色花岗石墙体中，与24万名死难者的金色名字在镜像中融为一体，给人以强烈的情感和精神震撼。

唐山地震遗址公园公共艺术对载入场地突发性自然事件元素的再生与重塑，激发了人们对地震死难者的追忆思念，也给生者以生活的勇气和希望（图5.17、图5.18）。

2）人为事件的载入

（1）突发性事件的载入

公共艺术载入的突发性事件一般是重大的事件，虽然发生期不长，但是会在相对短的时间内迅速改变场地形态和空间结构，甚至会让整个场地面目全非，而后又会形成很长的适应期，并激发场所中一系列的连锁反应。通过公共艺术载入突发

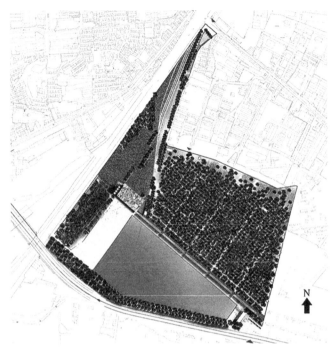

图5.17　唐山地震遗址公园平面图

性事件，可以进一步强化事件对场所和人的影响力度，并对场所精神的构建起到积极的影响。许多城市场所会因为重大的突发性人为事件而被公众所认知，如重要会议及赛事（奥运会、世博会、APEC会议等）、重大节庆仪式、重要战争等。在特定场所环境中，将承载人们独特记忆和感受的突发性人为事件引入其中，是进行场所精神表征的有效方式，这里的引入并非是单纯运用公共艺术形态造型，更要重视与场所功能相匹配，与人在场所

图5.18　唐山地震遗址公园中的公共艺术

环境中的感知相吻合，这样才能最大限度地通过公共艺术的触媒效应，再生和重塑人们对场所的定向和认同。

美国为了纪念9·11事件修建的9·11纪念公园就运用公共艺术对突发性人为事件进行了成功载入（图5.19），侧重于情感温度的表达，营造了一处有温度与灵性的精神场所，建成后作为核心触媒元素激发出景观环境特有的场所精神。在双子塔原来的位置，运用"倒影缺失"的概念建设了两处方形下沉式跌水池，巨大的高差让瀑布更加富有力量和动势，水流不断漫下，表达了人们永不忘却的追忆；跌水池中心有一个"黑洞"，看似无底的深渊，却仿佛能听到过去的声音。整体富有"能量"的创作语言给人以深深的精神震撼。

（2）恒常性事件的载入

运用公共艺术所载入的恒常性事件一般是指能够持续性地并且能够长期产生效应的人为事件，一方面包括人们日常的生产和生活方式，另一方面也包括人

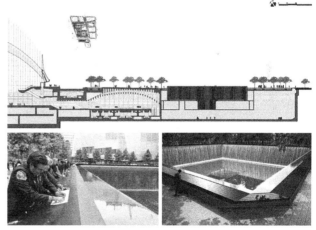

图5.19　美国9·11纪念公园

们在长期的生产和生活中所孕育形成的历史传说、风俗习惯、文化艺术、天文地理等物质和精神内容。恒常性事件往往不具有偶发性，因此会长久地作为极具历史特色的地域文化而被人们所感知。在城市景观的场所精神表征中，通过公共艺术的手段将这类元素引入场地，通过适当的加工和再造，最终以实体和空间形态满足景观构成和人们感知的需求。

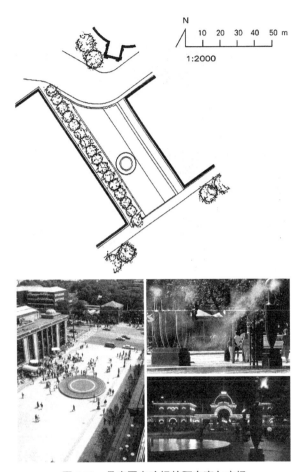

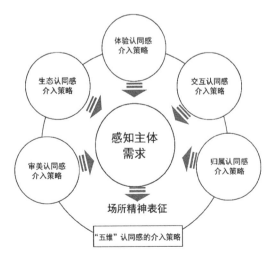

图 5.20　丹麦哥本哈根的阿克塞尔广场

图片来源：扬·盖尔.新城市空间 [M].何人可译.北京：中国
建筑工业出版社，2003.

图 5.21　"五维"策略

丹麦哥本哈根的阿克塞尔广场（Axeltorv）最大的特征就是以太阳和行星为主题来强调公共艺术对恒常事件的载入意义（图 5.20）。广场的整体设计非常简洁，太阳系是整个广场的主要装饰主题，其中用一个巨大的圆形镜面水池象征太阳，水池用深色大理石砌成，在中心部位用金色马赛克拼贴出一个象征太阳光芒的圆环，此外九个象征行星的青铜瓶状雕塑整齐地排列在广场西边的深色石带上，九件雕塑的装饰分别与它们代表的行星相关，它们之间的距离与它们所代表的行星与太阳之间距离比例相符，同时九件雕塑顶部都设计有喷嘴，可以不时地喷出蒸汽和火焰，给广场重塑出无限的生机。

5.3 "五维"认同感的介入策略

在建立起公共艺术介入感知主体需求层面的表征价值的基础上，以城市景观场所精神的表征为目的，有针对性地从审美、生态、体验、交互、归属五个认同维度构建起"五维"策略（图 5.21）。

5.3.1 审美认同感的介入策略

美是能够使人感到心理愉悦的一切事物，是作为能指的物质审美要素的所指；审美是指人与客观世界所形成的一种内在的情感关系状态，是理智与情感统一、追求真理的过程。不同地域的人们的审美呈现为视觉和内涵审美要素的多样性和统一性。

多样性和统一性是人类社会及自然界中一切事物在地域性审美作用下的审美标准。视觉审美的多样性统一是寓多于一，在异彩纷呈的视觉审美表现中各个物质要素保持内在的一致性，在变化中显统一，在统一中见变化。王朝闻认为："公共艺术是以物质实体性和空间性的形体，塑造可视而且可触的艺术形象，借以满足公众的审美多样性和统一性需求。"[①] 从多样性和统一性角度来实现公众审美需求的满足，是公共艺术进行城市景观场所精神表征的基础。当前按照多样性和统一性的标准，根据形态美学、几何美学和秩序美学的原则，通过协调景观元素实体、空间布局合理以及与环境的体量关系协调三大策略应用，介入城市景观场所精神的审美维度表征，营造出具有多样性与统一性的环境之美（图5.22）。

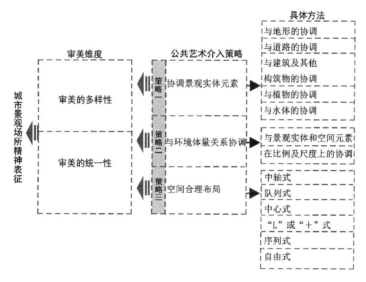

图5.22   审美认同感的介入策略

1）策略一：协调景观实体元素

城市景观实体元素主要包括地形、道路、建筑、植被、水体等五大类。公共艺术对城市景观的介入首先是从协调景观实体元素之间的关系入手，探究营造环境之美的介入策略。

（1）与地形的关系

城市景观中的地形形态各异，在特定的地理条件下，公共艺术必然受到其限制

---

① 王朝闻.美学概论[M].北京：人民出版社，1998.

和约束。虽然有些地形可以根据公共艺术营造环境美的要求加以改变，但更多的还是应在最大限度尊重原有地形条件基础上进行公共艺术创作。从审美角度来看，公共艺术受地形的影响主要反映在形式和布局上，不同的地形具有不同的个性特征，给人以各异的视觉和心理审美感受（表5.2）。

不同地形给人以不同的视觉及心理审美感受 [①]   表5.2

类别	视觉及心理审美感受	图解
凸形	如高山、高坡等高起的地形，往往会让人产生敬畏的感受	
凹形	如峡谷、洼地等低洼的地形往往会形成一种封闭感，从而给人一种幽静或神秘的感受	
平坦形	如广场、平原等视线开阔的场地，会给人以空旷感和延伸感	
起伏形	高低错落的地形可以营造出节奏感、自由感、活跃感	

地形的凸起以及凹陷会抬高或者降低公共艺术本身的视觉尺度。凸起的地形在视觉上放大公共艺术的尺度，并提升其本身的空间感染力；而凹陷的地形在视觉上会降低公共艺术的尺度；平坦的地形会增强公共艺术的纵深感和开阔感；起伏的地形会提升公共艺术的活跃感。应从人们不同的视觉及心理审美视角出发，在形式和布局层面探求公共艺术与地形协调之美。

巧妙利用地形条件以及了解不同地形在人们视觉和心理审美中的不同感受，是公共艺术创作不可忽视的重要环节。不同的地形条件能够赋予公共艺术以多样化形式，营造个性鲜明的公共艺术环境之美。脱离特定的地形条件，有些公共艺术在审美层面或许并无惊人之处。

如位于俄罗斯伏尔加勒玛玛耶夫高地的雕塑《祖国母亲在召唤》就是借山为势，利用景观环境中山势的自然状态进行布局，凸起的高地地形和挺拔的纪念碑造型反复作用于人的视觉和心理审美，最终在精神上产生强烈的震慑（图5.23）。

（2）与道路的关系

道路是城市景观中最重要的线性空间，是公共艺术的重要载体或表现元素，公

---

① 张静赟.雕塑与环境空间的构成因素[J].艺术与科技，2007（12）：194.

图5.23　祖国母亲在召唤

共艺术应最大限度地激活城市道路环境之美的效
应，满足公众在视觉和心理审美上的整体需求。
公共艺术在道路中的常见布置位置如图5.24所
示。同时，根据不同属性的道路对不同审美的需
求，介入不同类型的公共艺术（表5.3）。

　　公共艺术介入城市道路要重点关注人的动
觉审美特性。流动性是道路最显著的属性，流
动特性不同的道路，采取的公共艺术介入手法
也不同。在交通主干道上，流动性往往比较强，
为满足动态审美的需求，布置的公共艺术需造
型简单、尺度和体量相对大些，以保证人们在
不同的通行状态下，都能留下美的印象。生活
和休闲类道路主要呈现低速度流动状态，如在
此类道路中介入公共艺术，考虑到人们通常会
以低速通过或者驻足仔细欣赏，此时应该考量
公共艺术各方面的审美表达要素，如形式、材
质、色彩、尺度等。

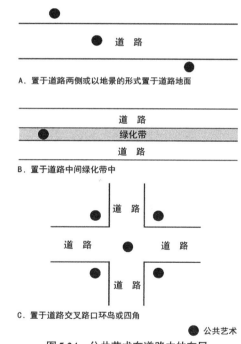

图5.24　公共艺术在道路中的布局

（3）与建筑的关系

　　公共艺术与城市建筑作为城市景观中最直观的形象构筑物，承载和彰显着城
市景观的审美价值。建筑的入口作为人们进出、交往、游憩等活动的主要场所，
是城市景观的有机组成部分。公共艺术介入建筑入口场所可以营造出独具艺术美
感的城市焦点。通常情况下，建筑的入口场所从形态可以分为广场型、街道型、

不同属性道路对不同审美的需求会介入不同类型的公共艺术   表5.3

类 别	介入公共艺术类型	作 用
道路交汇广场	纪念性公共艺术（纪念性公共艺术是对特定的历史人物和事件的反映）	可以主导所在环境的视觉和心理审美
道路交叉口的环岛		
纪念性主干道	主题性公共艺术（通过特定主题表达社会的价值和意义，诸如和平、开拓、团结等）	
生活休闲类道路	装饰性公共艺术为主（题材内容广泛，情调轻松活泼，形式自由多样，生活性很强）	装饰和美化街道环境，陶冶情操

立体型和综合型，针对不同的形态划分及特点，公共艺术风格和尺度的设置也不尽相同（表5.4）。

不同形态建筑入口场所的特点及公共艺术的设置方法   表5.4

类别	特点	设置方法
广场型入口场所	在城市中较为常见，广场的尺度和序列组织方式会受到功能的需求度和开放度的制约，由此也造成了对该类型的入口广场的感受差异	公共艺术的尺度根据建筑和入口广场的尺度进行设计，通常情况下尺度一般不宜过大，中（小）型公共艺术尺寸就可以满足需求
街道型入口场所	由于紧邻城市街道，因此大多前广场不明显或是没有前广场，通常包括垂直街道型和平行街道型两大类	平行街道入口场所一般尺度较紧凑，适合小型公共艺术的设置；垂直街道型入口场所可以根据空间大小设置小型或中型公共艺术
立体型入口场所	具有明显的竖向立体空间特质，主要以下沉式、抬高式和综合式等方式呈现，可以高效利用现场场地	立体型入口场所进行公共艺术确定时，需要首先测量其抬高或下沉场所空间的竖向和横向尺度，再根据具体的空间特点进行设计
综合型入口场所	根据场地的现实需求采取以上两种或两种以上相结合的形式，体现出更高的灵活度	综合型入口场所较为复杂，在公共艺术介入时，应该首先考虑和建筑物的关系，同时还要关注与其他元素关系，如铺装、水体、绿化、路灯等，然后再进行风格的选取和尺度的确定

（4）与植物的关系

植物在城市景观构成要素中占主导地位，也是影响景观环境美感构建的主要元素，因此，介入城市景观美感营造的公共艺术势必与植物产生密切的关系，主要体现在形态和色彩两个方面。

植物形态在城市景观中作为景观构成元素的背景而存在，并通过作用于景观的构图和布局，对环境美的塑造产生重要的影响。公共艺术介入时要充分考虑与所在环境中植物之间的关系，以植物为公共艺术创作元素，利用周围植物的自然形态或修剪出的植物造型，或以植物元素为背景或衬托，塑造多样性的视觉和心理审美效果。

　　"古典园林描述'一年无日不看花'，所以从古至今，无论皇家园林还是私家园林都会种植四季有花卉的植物，通过色彩突出季相变化。这样的设计意识在当今城市景观中也被广泛应用。"[①]植物色彩的季相变化与公共艺术有机结合，可以使人们领略到更加多样而富有内涵的景致。公共艺术介入时，要充分考虑植物色彩的季相变化与公共艺术的赏析情感之间的关系，如表5.5所示。同时还要关注不同季节植物色相所具有的暗示意义，如冷色系在夏季会有"亲近感"，反之到了冬季会产生"疏远感"。在公共艺术的设置中，还会运用与特定植物色彩的搭配，营造特定环境氛围，如纪念类公共艺术通常会与深色的植物相搭配，强化肃穆和庄重的整体环境氛围；而装饰类公共艺术则更多会与色彩明快的植物相搭配，营造活泼、灵动的场所气氛。芬兰的贝西柳斯雕塑（图5.25），与植物结合营造了四季不同景致，给人丰富的审美享受。

不同季节植物的色相给人不同的心理感受　　　　　　　　　　　　表5.5

类 别	情感
红色	热情与活力
绿色	清新与希望
白色	淡雅与纯洁
紫色	神秘与高贵
绿色	和平与希望
粉色	浪漫与清新
黄色	温暖与甜美
蓝色	静谧与安详
……	……

（5）与水体的关系

　　自古以来公共艺术就与水体有着密切的关系，与水体的结合可以给景观环境带来无限生机和美感。我国西汉时期，在昆明池两岸就安放了牛郎和织女的塑像，同时在池内还放置有石鲸、石鱼，极富画面美感。在西方古代造园中，为了艺术美感的需要，在许多喷水池中设置了雕塑，二者动静结合，相得益彰。变化多端的水体蕴含着丰富的性格。它可以是磅礴潮涌的壮观，可以是平静如镜的优雅，可以呈飞腾状、跌落状抑或是喷雾状……公共艺术与水体的结合可以多种多样，按照不同的结合方式，主要分为四种介入方法（表5.6）。

---

① 张琴.公共雕塑的植物配置研究[D].长沙：湖南农业大学，2011.

图5.25   芬兰的贝西柳斯雕塑

公共艺术介入水体的四种方式   表5.6

类别	具体方法	案例
以水为主材质	水材质的公共艺术表现方式与传统雕塑实体的表现形式并不相同，该类公共艺术创作的重点在于熟悉不同形态水体的属性，用于公共艺术的造型创作。当今许多喷泉艺术和水景艺术就是直接以水为材质进行的公共艺术创作（图5.26）	图5.26 法国沃土广场的喷泉
与水体结合	公共艺术与水体巧妙结合的构成方式可以产生惊人的艺术美感。在美国得克萨斯州威廉斯广场中心，布置了一组斜穿广场的奔马雕塑，该组雕塑最大的亮点就是以喷水模拟马群践踏水面，水花飞溅的景象使雕塑显得极具动感，整个景观环境也变得十分壮观（图5.27）	图5.27 美国威廉斯广场
利用水的反射	通过水面的倒影效果来表达整体的环境美感，这是一种利用虚空间来塑造景观审美价值的有效手段，公共艺术以水为媒介实现了空间上的无限延伸。如朱尚熹教授为天津文化中心所创作的雕塑《水上月》就成功运用了水的反射特征，阐述和升华了整体环境的美学内涵（图5.28）	图5.28 水上月 图片来源：朱尚熹提供

类别	具体方法	案例
与水雾的结合	与水雾结合可以产生奇幻的艺术效果，如哈佛大学唐纳喷泉中的水雾弥漫于由159块巨石所围合而成的不规则的圆形石阵中，当人们远观或穿越时，都会产生强烈的视觉和情景美感（图5.29）	图5.29　哈佛大学唐纳喷泉

2）策略二：协调环境体量关系

公共艺术在城市景观空间中的体量是由比例和尺度决定的。城市景观空间是一个相对封闭的独立空间，其中所设置的公共艺术与其竖向和横向尺寸均产生密切的关系。公共艺术的地缘空间尺度转换以及相互之间的级配关系，是其营造空间地域特色的重要前提。合适的比例关系可以在所在景观环境中形成良好的尺度感。随着社会的发展，城市景观为了满足多元化的功能，景观要素越来越丰富，公共艺术的空间尺度与这些要素的空间尺度的协调性构成了地缘空间的"尺度集合"，在该集合中，公共艺术与其他元素尺度之间的相互关系应予以重点关注，只有比例和尺度适宜才能诠释出地缘空间的特色。同时公共艺术的体量也与地缘空间的总体面积关系密切，地缘空间约束下的公共艺术，适宜的尺度和体量能够给公众带来亲切和舒适的感觉，并能够产生良好景观环境归属感。在空间过大的景观空间中，公共艺术的介入可以起到很好的调节作用：对于太过空旷的空间，可以首先利用植被、水体、铺装等元素进行分割，再在重点位置安放尺度和体量适宜的公共艺术作品，使体验的过程更加舒适宜人。同时，在一些景观元素繁多而视觉凌乱，公共艺术尺度和体量感被淡化造成景观空间环境整体尺度混乱、地域特色模糊的空间，可以适当移除一些不必要的元素，进一步强化公共艺术的尺度和体量，实现公共艺术的体量和尺度与景观空间的协调。

"建筑学理论认为在进行总体规划时，观赏主体的第一视点（观赏到主体的第一位置）要小于18°视角，最佳的视点安排在18°～27°之间为宜，极近视点则不应

图5.30　法国路易十四雕像和法国南锡俄斯塔尼斯拉斯的矩形广场雕像

图5.31　法国路易十四雕像的空间尺度关系

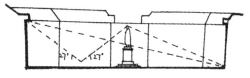

图5.32　法国南锡俄斯塔尼斯拉斯矩形广场雕像的空间尺度关系

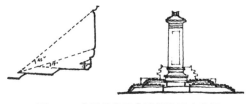

图5.33　人民英雄纪念碑视觉尺度分析

大于45°，这一理论在许多古典城市雕塑中也得到了完美的体现。"[①]1699年在法国巴黎建造的路易十四雕像与周边建筑都以27°作为第一观赏视角，雕塑和建筑不会让广场中的活动人群产生压抑感（图5.30、图5.31）。法国南锡俄斯塔尼斯拉斯广场中的主雕同样也采取此办法控制雕塑和建筑的尺度，在体量上实现了与空间环境的协调（图5.32）。还会采用一种从45°视角向18°视角递减的方法来控制公共艺术与周边环境空间的尺度和体量关系。如北京天安门广场人民英雄纪念碑整体高度为36.94m，纪念碑的基座刚好与天安门的顶端高度持平。同时，从纪念碑踏步逐渐攀爬的过程中实现了45°视角向18°视角的转换，人民英雄纪念碑的整体体量关系与所在环境相得益彰，人们在体验的过程中会感受到整个广场的协调美感（图5.33）。

3）策略三：空间布局合理

城市景观环境作为公共艺术的安放场所，其地缘形态特征是影响公共艺术布置方式的首要因素，公共艺术所在景观环境的规模是大还是小、形状是宽扁还是狭长、侧立面景观是连续还是断开、顶面空间是开放还是受限等，都会对布置方式和数量产生极大的影响。城市景观环境的形态可以分为规整型和不规则型。规整形的景观环境形状比较严谨，呈现出比较明显的几何形态，包括矩形空间、梯形空间、圆形空间、椭圆形空

---

① 蔺宝钢.城市雕塑设计方法论[M].北京：中国建筑工业出版社，2013.

间、"L"形空间等，这些景观环境具有明显的轴线和形态上的方向感，通常是确定公共艺术摆放位置的重要参考。不规则形的景观环境由于受地形条件、环境条件、历史条件及周边建筑物的形体条件等因素限制，没有明显的轴线和朝向性，因此这类空间环境中的公共艺术的位置布局具有灵活性，如威尼斯圣马可广场。同时，由于公共艺术自身的形态特点而导致景观竖向空间的特殊控制性，因此其布置方式反过来也限定了所在景观环境的空间形态格局。

　　通过不同的布置和排列方式，公共艺术可以看作是一个点、一条线、一个面抑或是一个占据和围合空间。如纪念性的景观空间适合空间序列清晰、严谨的公共艺术布置和排列方式，公共艺术往往处于轴线的核心位置，或是整齐排列在轴线两侧，营造出更加庄严和肃穆的气氛；而休闲和娱乐为主的景观环境属于不规则的形态，其中的公共艺术多采用不对称的自由布局，营造出活泼、愉悦、轻松的空间氛围。根据地缘形态进行因地制宜的布置，才能够取得良好的整体空间效果。根据地缘空间形态的不同，公共艺术的布置方式主要有六种（表5.7）。

根据地缘空间形态的不同公共艺术的布置方式　　　　表5.7

类别	释义	图解
中轴对称式	这种公共艺术布置和排列方式是目前景观环境中最为常见的一种，这种方式适用的景观形态较多，几乎所有的规则式景观空间以及纵长式景观空间都适用。公共艺术一般成组对称式沿景观轴线排列，形成序列感，不仅给人以门户的感受，还能突出景观空间的中心，强化空间层次中的各种逻辑关系，进一步增强视觉向心性和凝聚力，烘托景观空间的特有气氛	
队列式	这种公共艺术的排列方式一般置于景观环境的边缘，构成景观空间视觉上的一个侧界面，使整个景观环境既有开敞的远景效果，又有虚空间上的封闭感，在强调空间边界的同时保持了视觉的通透性，有时也起到限定和分割空间的作用	
中心式	这种布置一般适用于具有较大中心活动的景观空间环境中，比如庄严肃穆的城市中心广场、市政广场或纪念性广场。公共艺术往往置于景观重要轴线上的重要地段或是几何中心，具有360°的观赏角度，并在空间中成为视觉焦点，处于主导地位，使整个景观空间成为一个核心突出、节奏鲜明的环境	

类别	释义	图解
"L"轴线式、"+"字轴线式	这种公共艺术的布置方式适用于广场中存在的主次轴线，而公共艺术又刚好位于其中，又或是受景观环境本身"L"形的影响，公共艺术设置在拐角的情况。在第一种情况下设置的公共艺术，可以将主次轴线在空间中形成焦点，加强轴线的联系；后一种情况设置的公共艺术可以"软化"拐角，起到空间转轴的作用	
序列式	这种公共艺术的布置和排列方式一般受气氛比较休闲的城市景观环境影响，呈现波浪形、圆弧形和折线形等，题材多为轻松愉快的都市市井生活或者是神话传说，具有点缀空间环境或是增加趣味性和吸引力的功能，同时也起到围合空间和烘托地域性氛围的作用	
自由式	这种公共艺术的布局方式一般比较灵活，对其数量也没有很大限制，在控制好形态和体量的前提下，起到导向和装饰美化作用的同时能够与环境很好地融合在一起，增强节奏感和轻松感	

　　同时，在城市景观空间的布局中，运用公共艺术表现和强化景观轴线是极为有效的一种方法。围绕轴线进行的公共艺术布局往往是规则的，景观轴线虽然是看不见、摸不到，但是一定存在着，通过公共艺术的设置可以强化人们对轴线的感知。轴线在统领和组织景观空间的同时，也是构成对称的重要元素。在我国古代的城市规划、建筑设计以及西方的许多广场中都存在一条明确的轴线以呈现对称感。欧洲早期的广场往往也处于城市的轴线序列中，并将城市雕塑点缀于轴线之上，形成很强的序列空间，给人以连续的感官冲击力和影响力，从整体上增强城市的地域认同感和归属感。在法国巴黎，轴线始终在城市规划和景观设计中占据着独一无二的核心地位，轴线构成了城市的灵魂，是展现法国城市建设地域性风格的最佳手段，诸如凯旋门、拉德芳斯门、埃菲尔铁塔等诸多地标性的公共艺术作品都设置于城市的轴线中，以适宜的体量和尺度给人以轴线上的强烈冲击力和艺术美感，使城市景观环境成为一个有机的统一体。

　　华盛顿广场的方尖碑对广场中的景观轴线起到了强化作用，它以挺拔的造型和至高的尺度，在整个空间序列中起到主导作用。广场中的东西主轴线主要是由国会山—方尖碑—林肯纪念堂三座主体构筑物组成的，169m高的方尖碑位于这条轴线的中部，在城市规划中规定周边所有的建筑都不能超过方尖碑的高度，这就更加凸显了方尖碑在轴线中的主体地位。在方尖碑与林肯纪念堂之间还修建了一处长达610m的方形水池，高耸、提拔的方尖碑在水面上形成优美的倒影，强化了方尖碑对整条轴线的延伸感和控制力，广场的整体环境也因方尖碑的存在而更具秩序美感（图5.34、图5.35）。

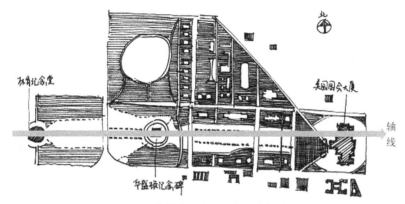

图5.34　公共艺术对华盛顿广场的轴线强化

图5.35　华盛顿广场的方尖碑

5.3.2　生态认同感的介入策略

公共艺术对城市景观的介入势必与地域性生态环境发生密切的关系。地域性生态环境包括地域性自然生态环境和地域性人文生态环境两个方面，当今脆弱的生态环境必然影响到城市景观的场所精神表征，因此，公共艺术介入城市景观场所精神的生态维度表征策略研究也更具有了积极的现实意义，该策略可以以和谐性和适应性为标准，通过地域性自然生态环境的和谐性、地域人文生态环境的适应性、可持续发展观的融入、自然伦理观的蕴含四大策略的应用，实现公共艺术与生态环境从物质到精神层面的和谐共生（图5.36）。

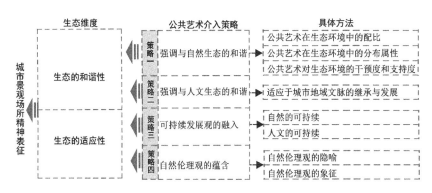

图5.36　生态认同感的介入策略

1）策略一：强调与自然生态的和谐

影响公共艺术与所在自然生态环境和谐关系的主要因素涉及三个方面：一是公共艺术在生态环境中的配比；二是公共艺术在生态环境中的分布属性；三是公共艺术对生态环境的干预度和支持度。

（1）配比

公共艺术大都以硬质实体的形式介入城市景观环境中，势必占据一定的生态环境面积，其中城市景观环境的绿化率也必然受到一定的影响，因此要协调好公共艺术硬质实体与生态环境之间的配比关系，根据每个项目的实际状况，对公共艺术与生态环境配比的临界值进行充分研究。在难以确定的情况下，尽可能增大生态环境在城市景观空间中的占据比例是最为稳妥的做法。一般可以采取四种手段来减少公共艺术的硬质部分在地平面的占地面积，并根据项目实际状况可以从以下四种策略中选取一种或几种（表5.8）。

尽量增大生态环境在城市景观空间中的占据比例的做法　　　　　　　　　　表5.8

	做法一	做法二	做法三	做法四
做法	造型尽量竖向为主，减少横向的生态绿化占地面积	采用底部架空和镂空等方式，减少与生态绿化地表的接触面积	位置选取可以倾向于硬质铺装区域，减少对生态绿化区域的干预	采用绿植材质，增加生态绿化面积
图解				

（2）分布属性

公共艺术在城市景观环境中的分布属性影响着其与生态绿化之间的和谐关系，

在地域性生态层面，公共艺术的分布属性主要涉及材料和技术的运用（表5.9）。

在地域性生态环境层面，公共艺术的材料及技术运用　　　表5.9

类别	具体方法
材料的运用	尽可能选取绿色、环保、无公害的材料
	"变废为宝"，将一些废旧垃圾材料运用到公共艺术创作中，可以有效减少废旧垃圾材料与生态环境的矛盾状态
	根据生态系统的地域性特点，尽可能选用当地的材料，减少外来物种的入侵，有助于保护原有生态系统
	运用绿植、水等生态元素创作
技术的运用	运用符合生态原理和特色的技术，使公共艺术与生态环境达到和谐的共存状态，诸如太阳能、风能、地热、水能以及温度和湿度的数字化调节控制等利用

如在西安世博园中的公共艺术作品《取景》就是运用绿色植物创作完成，作品既富有艺术美感，又具有生态价值，诠释了"人与自然和谐共生"的世博园理念内涵（图5.37）。

澳大利亚的爱丁堡雨水花园借公共艺术有效解决了当地土地干旱区缺水和水体污染的生态问题。雨水花园通过植物吸收固体悬浮颗粒物，进行地下水过滤和净化。材质上采用钢铁和混凝

图5.37　取景

土，既经久耐用又不会破坏花园的整体环境。尤其是贯穿于公园的"雨水带"，既能含蓄水源为园区的植物提供灌溉，又为公众提供一条富有视觉艺术造型的景观带（图5.38）。

（3）干预度和支持度

公共艺术存在于地域自然生态环境中，势必在物理功能层面发挥积极或消极的作用，要与地域自然生态环境和谐共生就需要通过相关策略发挥公共艺术的积极作用。影响其积极作用发挥的主要因素是干预度和支持度，"零干预"策略就是要消除公共艺术对地域自然生态环境的干预度，提升其支持度。

从公共艺术与动物的和谐关系来看，公共艺术不能干预动物的正常生命活动，

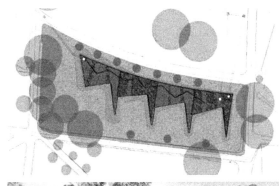

图5.38 爱丁堡雨水花园

诸如迁徙、觅食、饮水等。干预度太大，势必打破动物原有的生存空间和活动路径，严重威胁生存质量，最终导致生态的失衡。从公共艺术与植物的适应度来看，公共艺术主要是不能对植物生长所需要的阳光、地面面积和竖向空间等产生影响，降低干预度和提升支持度的方法见表5.10。

在"零干预"的同时，公共艺术介入地域自然生态环境要尽可能提升支持度，最大限度地对地域自然生态环境进行保护和优化，如防风固土、含蓄水源、维持生物多样性等，重视公共艺术对地域性生态环境的修复、提升和优化功能，这样可以更好地构建起公共艺术与地域自然生态环境之间的和谐关系。

降低干预度和提升支持度的具体方法   表5.10

类别	具体方法
降低干预度	尽可能减少公共艺术在城市景观地面的阴影面积和阴影的覆盖时间，由此减少对植物"喜光"所造成的不利影响
	尽可能减少或不占用植物生长需要的地面面积
提升支持度	为植物的健康生长预留一定的竖向空间，满足其在不同的生长阶段所需要的不同竖向空间
	当公共艺术与植物生长产生冲突的时候，避免采用修剪或移走的暴力方式，尽可能保持植物原有的自然生存状态

2）策略二：强调与人文生态的适应

建立公共艺术与所在人文生态环境的和谐关系，主要方式是通过公共艺术对城市地域文脉进行物化，修复与构建城市人文生态环境格局，继承与发展城市地域文脉。

城市地域文脉是一个地区或地方所特有的历史文化、风土人情、生活习俗等，是此地区最本质的特色，使其真正区别于其他地区。城市景观环境中的公共艺术不是孤立存在的，它与城市文脉关系密切。特色鲜明的公共艺术作品自身特征及其营造的环境特征都具有明显的文脉特色，是对集体记忆和价值认同的表达。随着材料和科技的进步，公共艺术的多元化已然成风，但是只有彰显城市文脉的公共艺术才与环境及公众关系最为密切，这种文脉是公众在生活中耳濡目染，并亲身接触和经历的文化。因此，公共艺术在强调与人文生态适应层面，应充分对城市文脉影响下的城市景观的空间结构及肌理进行有机融合，在遵循原有城市景观点、线、面关系的基础上，综合城市景观所在区域中的各种显性和隐性文化因子，并通过公共艺术语言予以呈现，这样在城市景观中所建成的公共艺术才会更具整合能力和生长能力，并体现出地方感、时代感、整体感的特质，在城市整体的人文生态格局的构建中发挥积极的价值，具体做法见表5.11。

基于强调与人文生态适应的公共艺术的介入方法　　　　　　　　表5.11

做法一	做法二	做法三
应充分考虑所在环境的自然状况、社会文化背景、经济发展水平等特质，集中形象地反映特有的城市历史、民俗习惯、宗教信仰、生活方式、社会状况等诸多方面，强调文脉环境的特点，不同的公共艺术展现不同的环境品格	公共艺术作为其中最重要的组成部分，既要继承文脉和传承历史，又要积极表现当下的理念，综合利用社会高度发展所带来的丰硕成果，实现历史和现代的交融与对话	体现富有城市文脉特色的公共艺术创作理念，应充分考虑所在城市景观中的整体性，并通过公众的不断参与而升华

美国费城迎宾公园运用公共艺术的手段对地域性人文生态元素进行适应性载入，形象讲述了关于威廉·佩恩和费城建城的故事（图5.39）。费城在美国历史上有着重要的地位，城区保留了许多纪念美国殖民解放的建筑与纪念物，这些建筑和纪念物构成了独立历史国家公园的基本框架，迎宾公园便是该框架重要的组成部分之

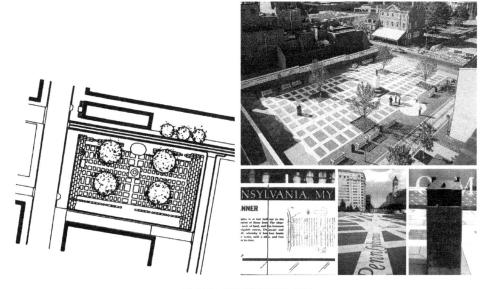

图5.39　美国费城迎宾公园

图片来源：扬·盖尔.新城市空间[M].何人可译.北京：中国建筑工业出版社，2003.

一。费城迎宾公园建于1982年，是为纪念威廉·佩恩到达美国300周年而建，公园选址便是在威廉·佩恩故居的原址。公园的铺地和主体造型成为公共艺术表现的主要元素。将费城建城之初的平面图运用艺术化处理，在广场的地面展现出来，城市中原有的主要街道选用白色石材进行表达，在石材上还刻有主要街道的名字，城市中原来的广场则是由四棵树下的浅花台来表现；在两条主要街道的交汇处立有一座佩恩的纪念塑像，一座青铜房屋模型代表了他的故居——板岩屋顶住宅所在的位置。在广场的东面和南面还设置了一道高1.8m的搪瓷板围墙，向人们讲述着威廉·佩恩的生平和费城的建城历史。

3）策略三：可持续发展观的融入

可持续发展是一个动态的、综合的、变化的概念，是自然、社会、经济与生态环境可持续发展的统一。从可持续发展层面来看，公共艺术所体现的可持续性主要体现在自然的可持续和人文的可持续，就是人的力量与社会、自然的力量之间所达成的平衡状态，它们共同塑造一种生生不息的生命系统，注重与社会和自然环境发展的结合，并对地域性特色资源进行积极保护，积极发挥其社会引导价值，改变在城市化进程中所产生的错误观念和价值，变地域性资源的掠夺和破坏为尊重和珍惜，构建城市景观环境的和谐状态，为公众的生存和发展营造高质量的城市环境。

著名的马尔默城市"森林"广场（图5.40）整体可以看作是一件融入可持续观念的以植被为创作元素的伟大公共艺术作品。"森林"广场位于马尔默城南新区，艺术家为了解决原来广场中缺乏生态绿植和地域文脉特色的问题，在"森林"广场中配种了28棵

图5.40   马尔默城市"森林"广场

已有30年树龄的当地山毛榉树，这种来自于瑞典南部的本土树木为整个广场带来了浓郁的地域文化气息和生态自然景象，同时艺术家在林间能被太阳照射到的地方安置大量休息座椅，广场的最北端有四个可以戏水的水池，人们在"森林"中的座椅休息的时候，可以听到鸟叫声、水流声、公众的欢笑声，以及欣赏高大的山毛榉树带来的本土气息，植被、阳光、水共同构成了"森林"广场中人与环境和谐共生的美好画面，吸引了公众，增强了他们的地域认同感。艺术家还在广场的东西两侧两两成对地排列布置了12根16m高的桅杆，起到了界定广场边界的作用。同时也拉起了1800m如同蜘蛛网般错综复杂的钢丝网，在钢丝网上悬挂着的2800枚LED二极管，根据季节变化亮起不同的色彩，为夜晚的广场打造不一样的艺术"星空"。富有地域生态特征的"森林"广场将使用优先权给予了公众，满足公众心理和行为对场所的需求，随着"森林"的不断生长，会惠及一代又一代，并把生态的理念传递给每一代人，这正是可持续发展意识的有意融入。

4）策略四：自然伦理观的蕴含

中国古代哲学蕴含"天人合一，物我一体"的自然伦理观。中国古代的空间充满对"自"与"然"的探究、思考与表达，从中国古代的建筑、园林、绘画和文学作品中均可以体味到古人的自然伦理观和适应自然环境的伦理智慧。中国人自古就有崇尚自然之本性，以自然所唤起的情感为基础，传达出对自然的精神向往。因此，公共艺术的生态关怀不仅是通过作品介入生态问题的探讨，而是要通过作品来传达自然伦理观，营造具有鲜明地域特色的生态生活氛围，通过公众的体验来进行自然的感受。因此生态的公共艺术可通过自然的隐喻与象征策略，体现出作品对自然伦理观的蕴含，为生态观念进入公众的精神空间助力。隐喻与象征取自于诗词文学中的写作手法，指的是"托意于物"，即通过形象思维的手法，用可感触的物体传达出抽象的意义，因此，可以运用此策略，通过公共艺术表现人们对于自然的诉求，营造场所的自然气氛，具体可采用隐喻和象征的做法（表5.12）。

如日本的枯山水艺术就将自然伦理的隐喻手法运用到了极致（图5.41），描绘的是一幅幅浩瀚的海洋、岛屿

图5.41 日本枯山水

公共艺术的自然伦理观蕴含   表5.12

隐喻	象征
源自于希腊语"metaphora"，意为"意义的转换"，隐喻是一种"由此及彼"的表现过程，在彼类事物的暗示下去进行心理的感知与体验，实现从一种事物到另一种事物的位移。隐喻通常包括三大因素："彼类事物""此类事物"以及二者之间的共性关系，因此公共艺术的自然伦理观作为"此类事物"就应注重"彼类事物"的提取以及与其共性关系的构建，尤其是这种共性不能简单地用形象来表现，否则会太直白而缺乏内涵。隐喻策略所体现的更是感觉的共性，通过该策略的运用可以将两种经验的共性融合在一起，生成双重的全新体验。基于自然的隐喻就是运用公共艺术的物质形态表达出形而上的自然之"道"	侧重于将事物与其相似性的和相关联的事物而进行的类比和比照，象形包括象征体和象征义两个因素，象征体和象征义犹如诗人的艺术构思赋予特定的阐述之上，二者并无内在的逻辑关系，即通过象征体所诠释的象征义并非是象征体本身所固有的，而是通过艺术的构思所赋予，例如"梅花香自苦寒来"象征坚韧的毅力。在城市公共艺术的自然伦理观蕴含中可以采用象征的策略，呈现大自然的品格特征

和森林所组成的自然胜境，在营造的过程中多以白沙、岩石、苔藓为材质对大海、岛屿和森林进行隐喻，其中沙喻水，并细细耙制出水纹的意象效果。在特有的环境氛围中，具有纹路的白沙铺地、精置的几尊岩石、富有生机的苔藓便在人们的心境中构建起浩瀚的自然观，同时也诠释出禅宗的"一沙一世界"的自然哲学观，表现出惊人的自然震撼力和体验感。

位于德国Bad Essen市威斯特法伦镇的通天塔花园运用公共艺术的象征手法让公众体验到了自然的瞬息万变。该花园取意源于彼得·勃鲁盖尔的画作，设计师将稻草垛成勃鲁盖尔画中的高塔模样，并运用自然的衰退进程表现了画作中随意建造的冲天塔的惨遭失败。春天，在公园肥沃的土壤中撒下种子，到了夏天便会郁郁葱葱，浇灌但不收割，草坪和混合肥料加速了分解腐烂的过程，公园从秋到冬，直至来年春天剩下的是成堆的腐烂稻草，这些稻草又成为新的生命的有机材料。通过稻草的四季演变以及衰退概念的融入，叙述自然的诞生和衰亡的过程，同时也警示人们肆意改造自然的后果，对画作的象征成为景观对自然伦理观表现的主题（图5.42）。

5.3.3 体验认同感的介入策略

环境偏爱研究表明：愉悦的、开放的、独特的环境易受到偏爱，从而提升公众的环境偏爱度与心理及行为体验后的情感唤醒水平，因此，基于公共艺术介入城市景观场所精神的体验维度表征策略可以以愉悦性、开放性和独特性为标准，并根据这三个标准进行针对性的策略研究（图5.43）。

图5.42　德国通天塔花园

图片来源：欧洲景观设计基金会.欧洲景观设计实地调研[M].大连：大连理工大学出版社，2008.

1）策略一：呈现规律趣味性

所谓趣味是指能够让人感到愉快，并能引发兴趣的事物及其特性。公共艺术在城市景观环境中以各种各样的物理规律呈现在公众面前。通过对国内外优秀公共艺术进行分析，总结出留空、重复和悬念这三种呈现规律，往往会给予公众更多体验的趣味性。

（1）留空

所谓留空如同讲故事的人善于在故事的节骨眼上巧妙省略不讲，因此可以引发人们浓厚的趣味和激起想要了解的欲望。留空犹如中国古代画论中的"留白"或曰"计白当黑"的绘画艺术手法，画面中的一片空白，可以理解成是一方水域，亦可理解成一片天空。留空还

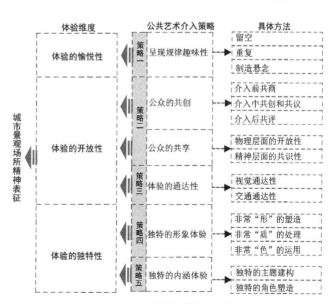

图5.43　体验认同感的介入策略

蕴含"少即是多"的美学内涵。公共艺术物理呈现规律中的留空是对完整或连续形体的有意破坏，呈现出跳跃感、空隙化甚至是空白化的状态，由此加深体验者的趣味感。公共艺术中的留空带有抽象和隐喻的色彩，留空的部分除了表意的功能之外还表现为通过缺失的状态来构建公共艺术空间要素的丰富性和衔接性。公共艺术的留空处理减去的是实体部分的交代，增加的是缺失后充满想象的趣味体验空间，因此从某种意义上讲，虽然做的是减法，事实上却是加法甚至乘法，在无形中扩大了公共艺术体验的趣味性。

图 5.44　奥地利卡尔斯基教堂广场的亨利·摩尔雕塑

雕塑大师亨利·摩尔可谓是"留空"的高手（图 5.44），通过在雕塑实体上打洞，展示雕塑内在形体，将虚空间的元素融入作品，充满了趣味感，也把人们的视线从实体逐渐引向虚体空间，给予公众更多的情趣体验感受。他的作品之中的"空"既有对其物理空间的展现，也有对精神空间的深化。后来野口勇、安藤忠雄、文丘里等艺术大师都对摩尔的"留空"策略进行了继承和发扬。

（2）重复

所谓重复是指同样的东西再次出现或者是按原来的样子再次做，在文学作品中是为了增强叙事话语的表现力。这一策略在公共艺术作品中表现为相同或相似元素的反复出现，可以增强公众体验的兴趣感。重复的元素甚至可以作为作品的主题线索，如在电影艺术中通过对同一或相似道具的多次重复，引发观众对该道具的浓厚兴趣，对故事情节的浸入式体验也围绕此道具展开。重复策略还体现了分形美学中自相似性中不断重复的显著特点，在层次序列上又主次分明，同时重复的物象必须蕴含一定的内涵价值，而不单单是形式美学的简单拼凑。

阿根廷科尔多瓦城市景观环境运用元素重复的策略提升了公众体验的趣味性，加深了公众对这座城市的认识。承担这项设计的主设计师米格尔·安赫尔·罗加在为城市提供良好的景观环境平台的同时，力求清晰阐述城市的历史和纪念性建筑。为达到这个双重目的，他在城市景观的步行区域的石头铺地上用公共艺术的手法"倒映"出有重要意义的建筑，这种艺术手法在城市景观环境中的重复使用，使城

市的历史感进一步强化，也为城市景
观环境创造了新的具有体验感的整体
环境艺术氛围，在地面上勾勒出的轮
廓已成为科尔多瓦独有的、极富个性
的特色景观（图5.45）。

（3）制造悬念

"悬念，即读者、观众、听众对文
艺作品中未知的情节的发展所持的一种
急切期待的心情，是小说、戏曲、影视
等艺术作品的一种表现技法，是吸引广
大群众兴趣的重要艺术手段。"[1] 在文学
艺术中，所谓"悬念"指的是读者对作
品的某处故事情节存在的捉摸不透而引
发的追踪趣味性的本能。"贯穿于小说
的悬念很像壁炉中的火焰熊熊燃烧、摇
曳升腾的风。"[2] 悬念同样有助于公共艺
术介入城市景观的体验感塑造和提升，
可以丰富公众对公共艺术体验的节奏趣
味感，并通过空间动觉的强化，激发体
验者的整体感官刺激。制造悬念的方法
运用存在于时空两个维度（表5.13）。

建筑师安藤忠雄的《头大佛》为体
验者提供了独具特色的场所体验，他曾
经这样描述创作构思："我的想法是用
薰衣草覆盖在大佛头像下面的山丘上，
把它称为'露头的大佛'，而在山丘下

图5.45 阿根廷科尔多瓦地景公共艺术
图片来源：扬·盖尔.新城市空间[M].何人可译.北京：中国
建筑工业出版社，2003.

面有一条40m长的入口廊道，进去后就是大佛坐落的圆形大厅。设计希望能够创
造一个生动的空间序列，从开始通过长长的廊道开始，以提高人们对从外部看不见
的佛像的预期。当来到佛像坐落的大厅时，游客在仰望佛像的同时，还能感受佛像

---

① 杨茂川，何隽.人文关怀视野下的城市公共空间设计[M].北京：科学出版社，2018.
② 瓦尔特·本雅明.讲故事的人[M].北京：中国科学社会出版社，1999.

公共艺术制造悬念的方法   表5.13

类别	具体方法
时间维度	如对元素和体验流程进行先后时序的重组,给体验者的视觉和心理层面产生趣味性,较通常的自然顺序更能激活公众的兴趣点,于是便产生了悬念的趣味性
空间维度	通过重力、倾斜、漂浮等手段改变物象的固有状态或者是有意将固有形态进行遮盖,避而不露,从而给体验者带来体验过程中的好奇感和兴趣感,增强公众体验主动性

的头部是在天空光环的包围之中。"[①] 整个体验的过程犹如悬念的探索过程,极富趣味性,在物理悬念趣味性的背后是对佛的精神内涵的诠释,体验的过程也是感悟的过程,随着趣味的萌发,感悟过程也随之继续(图5.46)。

图5.46   头大佛

2)策略二:公众的共创和共享

可以通过公众对公共艺术的共创和共享来提升公共艺术在城市景观中的体验价值。

(1)共创

在介入城市景观的公共艺术创作中可以通过多种途径鼓励当地公众参与项目的全过程创作。公众的共创主要体现在四个方面,见表5.14。

华裔艺术家叶蕾蕾在美国贫穷的北费城非洲裔社区创立的"怡乐村"就是带领社区的成员一起动手创作,通过公共艺术的形式一改原来的落魄与污秽,重塑和睦、祥和的社会环境,体现出公共艺术的公共性价值(图5.47)。

---

① 安藤忠雄.建造属于自己的世界[M].北京:中信出版社,2018.

公共艺术共创的四个方面　　　　　　　　　　　　　　　　　　表5.14

类别	具体方法
介入前的共商	在调研阶段要充分进行公众的意愿调研，明确公众的需求意图，并积极将公众认可的、喜闻乐见的内容融入创作中予以体现
介入中的共论	在项目的评审阶段，可以广泛运用当今多元化的媒体和网络，进行预选方案的公开评选，并积极征集和采纳公众的修改意见
介入中的共建	在项目的实施阶段，可以最大限度地让公众参与制作中，更加凸显公众的社会主人翁地位
介入后的共评	在项目完成后积极进行公众的使用后满意度评价，通过发放问卷和访谈，进一步调动公众共创体验的积极性，同时，通过体验的满意度反馈来推动公共艺术品质的提升

图5.47　"怡乐村"

（2）共享

当今城市景观作为社会福利，要最大限度地体现共享度，通过公共艺术的介入，可以进一步提升景观的共享度，其具体做法体现在物理上的开放性和精神上的共识性，见表5.15。

提升共享度的方法　　　　　　　　　　　　　　　　　　　　表5.15

类别	具体方法
物理上的开放性	是指面向使用群体的开放度，不应存在任何种族、职业、年龄等的歧视，不设围栏和障碍物，任何人都可以进入使用，能够全面保证共享性体验活动顺利和正常开展
精神上的共识性	公众的精神共识性形成主要包括认知和记忆两个过程，因此要提升公众的共识性就需要从"集体辨识"和"集体记忆"两个层面进行研究，通过公共艺术的手段对这两个层面进行充分反映

通过对国内外优秀公共艺术作品的分析及对近年来笔者所参与的公共艺术项目的总结，可以看到，往往开发性好，且能够塑造出具有"集体辨识"和"集体记忆"的艺术形象，更易被公众进行认知体验，从而更好提升共享度。

美国芝加哥千禧公园（图5.48）被王中教授称之为"被放大的公众"："2004年，历时6年终于完成的千禧公园（Millennium Park）将芝加哥的公共艺术推向了新的纪元，公园所呈现出的公共精神成为哈贝马斯公共领域话语理论的物质重现。"[1] 千禧公园成为"公共性"的代言，表现出高度的共享性。芝加哥千禧公园濒临城市中最繁华的密歇根大道，占地面积高达23.5hm²，设计的总体理念体现了时代性、生态性和共享性的公共艺术特质，被称为"芝加哥的前院"，获得大奖无数，并成为当今城市景观设计的典范。整个公园主要由杰伊·普利策音乐厅、BP桥、皇冠喷泉、云门、千禧公园纪念围廊等公共艺术作品构成（图5.49），具体见表5.16。

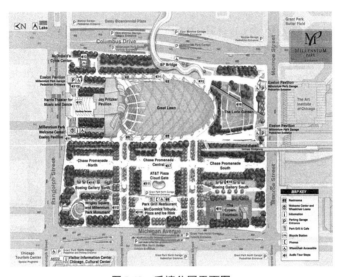

图5.48　千禧公园平面图

图5.49　千禧公园的公共艺术布置图

① 王中.城市公共艺术概论[M].北京：北京大学出版社，2004.

美国芝加哥千禧公园中的公共艺术作品   表5.16

名称	创意构思
 图5.50　杰伊·普利策音乐厅	杰伊·普利策音乐厅（Jay Pritzker Pavilion）由建筑师弗兰克·盖瑞设计完成，是一个可以容纳7000人的露天音乐厅（图5.50），高120英尺（1英尺≈0.3米），占地面积为9.5万平方英尺。整个舞台的设计采用了雕塑化风格，舞台上端构建了极富雕塑张力的棚顶，剧场的露天部分是由交错的钢构架在草坪上方构建的大型网状天穹，与音响系统完美地结合在一起，形成了极具视觉冲击力的景观空间，杰伊·普利策音乐厅成了格兰特音乐节的主会场，同时也举行其他免费的音乐会和活动，具有高度的开放和共享度
 图5.51　BP桥	BP桥（BP Bridge）是跨公路连接千禧公园和戴利纪念广场的蛇状桥（图5.51），为千禧公园可达性发挥着重要作用。该作品也出自弗兰克·盖瑞之手。桥长925英尺，桥面为硬木材质，桥的整体外表层用不锈钢板包裹，当行走于桥面时可以看到芝加哥美丽的城市天际线。此桥还具有阻隔下方噪声的功能，保证音乐厅的演出效果；同时对桥体进行了5%的斜面处理，保证残疾人群也能顺利通行
 图5.52　皇冠喷泉	皇冠喷泉（The Grown Fountain）由西班牙著名艺术家普莱策设计（图5.52），作品由两座高50英尺的大型影像屏幕和长232英尺的水池组成，普莱策用影像设备记录下芝加哥市民的表情，并通过两座影像屏幕进行投射，伴随着市民头像的影像切换，水柱喷泉从他们的口中流水，这件作品凸显出亲民的公共性
 图5.53　云门	云门（Cloud Gate）位于AT＆T广场（图5.53），是由印度孟买的英国艺术家安尼什·卡普尔创作完成。作品重达110t，长宽高分别为23英尺×42英尺×66英尺，采用镜面不锈钢锻造而成，将城市的建筑、天空和观众影射其中，作品的下方有一个高12英尺的"门洞"，公众可以穿梭其间触摸，映射的图像成了作品的主角。这种折射虚幻感和作品的包容姿态受到了公众的热捧，并引发了广泛关注

名称	创意构思
 **图 5.54　千禧公园纪念围廊**	千禧公园纪念围廊是对该地多利安围廊的全尺寸复制（图 5.54），是对地域基因符号的再现表达，将历史与现实融为了一体。柱高约40英尺，在基座上刻有千禧公园创作者和捐助者的名字，体现出对他们的尊重和重视

3）策略三：体验的通达性

城市景观中良好的通达性是公众进行体验的重要前提，通常包括视觉的通达性和交通的通达性，基于体验维度的城市景观场所精神表征的公共艺术介入也应以通达性为前提，通过视觉和交通引导，最大限度地保证和激发公众体验行为，具体做法见表5.17。

公共艺术的体验通达性　　　　　　　　　　　　　表5.17

类别	具体方法
视觉的通达性	通过相关视觉分析，保证介入的公共艺术能够在公众的视域范围内，同时注重所介入公共艺术与景观构成元素之间的视觉协调，从而形成良好的视觉引导，让公众产生良好的定向感，从而保证相关体验活动的顺利开展
交通的通达性	在进行公共艺术场地布局时，要注重所在环境内的交通流线关系，以不阻挡或阻碍交通流线为前提，尽可能选在交通道路节点的中央或周围，从而确保具备良好的交通条件，公众能够走近所介入的公共艺术并进行体验。同时介入场地中的公共艺术也应积极作用于交通的分流、缓冲、引导等，对整个交通流线进行完善和优化

4）策略四：独特的形象体验

形质存在于人的知觉中，由感觉成分派生，但又不是感觉简单复合的新成分，它决定着知觉的最终结果，是一种朴素的整体观。唐《东阳夜怪录》云："俄则沓沓然若数人联步而至者……自虚昏昏然，莫审其形质。"① 因此形质可指外形和外表。人们对于城市景观中公共艺术独特性的形象体验主要从形态、材质、色彩三个方面进行，通过"非常"策略的应用，有效提升公众的独特体验感受。

（1）非常"态"的塑造

非常"态"的塑造是打破公共艺术地域性组成元素的特定形态关联及比例关系。非常"态"的特殊组合和比例关系往往能够产生出其不意、意趣横生的效果。

---

① 李昉.太平广记[M].北京：中华书局，2007.

图5.55　奥登伯格的雕塑作品

图5.56　天书文化墙

例如奥登伯格的许多公共作品就是将生活中常见的物件进行比例放大后置于城市景观环境中（图5.55），为公众提供特殊的体验感。笔者参与的河南灵宝函谷关历史文化旅游区的公共艺术项目《道德经》天书文化墙与奥登伯格有着异曲同工之处（图5.56），该项目中把公众所知晓的竹简按比例进行放大处理，并将篆书《道德经》全文和赵孟頫的楷书《道德经》全文雕刻其上，实现不同历史元素的并置关联呈现，通过非常态的天书赋予公众独特体验。

（2）非常"质"的处理

形式的独特体验与公共艺术所使用的材料媒介密切相关，不同材质的搭配可以取得不同的形式感受，非常"质"手法可以产生独特的戏剧效果。在公共艺术中非常"质"的手法往往包括替换、包裹、移位和突变四种，具体见表5.18。

公共艺术非常"质"的处理　　　　　　　　　　　　　　　表5.18

类别	具体方法	案例解析
替换	运用新的材料取代原来的材料及在人的潜意识中存在的固有材料，新材料替换旧材料的过程首先是视觉层面的替换，视觉往往是人们最为敏感的感知系统，通过替换的视觉刺激，可以引发公众的体验欲望	荷兰埃因霍温市（Eindhoven）长600m的"星路"自行车道用一种涂过特殊材料的石子将原来的路面材质替换，这种材料晚上可以发光，整体发光图案仿照梵高的名画《星空》设计出了漂亮的漩涡图案，极富梦幻色彩（图5.57）。 **图5.57　荷兰"星路"自行车道**

类别	具体方法	案例解析
包裹	公共艺术是由实体和空间组成的，是地域性城市景观环境的重要组成部分，其表面的形态和肌理对公众的体验感影响很大	克里斯托和珍妮夫妇利用布料和编织物包裹过欧洲许多历史建筑，利用柔软的形体将建筑物原本坚硬的表面材质进行覆盖。著名的德国《包裹议会大厦》公共艺术项目中，克里斯托夫和珍妮·克莱德就利用此策略将国会大厦变成了一种全新的形态，极大提升了公众的体验感受。展览自1995年6月23日开始至7月6日结束，历时短短15天的展出时间，却吸引了来自世界各地的4000多万人前来参观。德国柏林市市长曾经评价道："克里斯托夫和克莱德在柏林的城市景观环境中增添了如此精妙绝伦的艺术"。(图5.58)  图5.58　包裹议会大厦
移位	将原本约定俗成的事物应用于其他位置中，为城市景观环境增加了令人似曾相识却又耳目一新的叙事形象	介入美国费城新市政广场的公共艺术作品《走好你的下一步》就采用了移位的方法将不同国别的棋牌从棋盘中转移到广场中，既可以作为公共设施方便行人坐下休息，同时把游戏的道具放在严肃的市政广场中，营造出一种轻松的气氛，更能吸引公众走进广场，通过体验引发人们对童年游戏的回忆(图5.59)  图5.59　走好你的下一步
突变	运用材质打破连续状态而突然发生的变异，运用强烈的对比感导致视觉和心理的跌宕感受，突变强调的是材料之间的异质性，如同文章行文手法的插叙一般	例如在加拿大安大略省多伦多市的约克维尔村公园的设计中，一块巨石突然从平坦的地面冒出，给人以新奇的感受，该设计就运用了突变的手法塑造一处象征当地洛杉矶山的公共艺术作品，人们可以触摸，可以攀爬，可以躺卧，极具体验感(图5.60)  图5.60　约克维尔村公园

续表

类别	具体方法	案例解析
创新	许多新形态常常是由新的材料所派生的。随着新材料的不断问世，公共艺术的形态也呈现出多元化的面貌。通过艺术家的合理运用，会呈现出人意料的震撼效果	上海世博会英国馆就是通过材质的创新应用，给予了公众新奇的体验感受。上海世博会英国馆又被称为"种子圣殿"，整体造型是由6万根可以发光亚克力杆组成，每一根杆亚克力杆的顶端都会置有一颗不同的种子，它们可能是一颗松果、一粒咖啡豆……这些种子来自于英国皇家植物园和中国科学院昆明植物研究所合作的千年种子银行项目，这6万多条触须像蒲公英，意喻可以将生命带到世界的每一个角落，通过材质的创新，让公众在参观的过程中获得了视觉和心理的独特体验，也引发了公众对于生命意义的思考（图5.61） **图5.61　上海世博会英国馆**

（3）非常"色"的运用

非常"色"策略指的是公共艺术的施色要异于普通的色彩处理，并根据表现的实际需求与环境的整体颜色进行对比或调和。色彩具有浓厚的地域性和时代性，特殊的地域性色彩可以积极建构与公众的"对话"。山东济南泉城广场的《泉》主雕运用蓝色（图5.62），表达出"泉城"水的特质；青岛五四广场《五月的风》雕塑运用红色，对五四革命精神进行了色彩诠释（图5.63）；笔者参与完成的延安凤凰山群雕中抽象变异的凤凰形象也是选用红色来传达火凤凰和革命红色文化，同时在与环境的对比中产生特殊的视觉体验效果（图5.64）。

图5.62　泉

图5.63　五月的风

5）策略五：独特的内涵体验

公共艺术作品是形象和内涵的有机统一体，作品的内涵需要借助特定的形象进

图5.64　延安凤凰山广场群雕

行表达，而作品的形象也必须表达出特定的内涵，就像文学作品一样，形式必须要反映特定的内容才会有灵魂，"如果把内涵从形象中分出来，那就等于消灭形象。"[①]公众在通过被特殊形质刺激所获得的视觉体验中感受到特殊的内涵便是"所指"的体验价值意义，因此独特的内涵体验提升策略意义重大，下面将从独特的主题、角色两个方面探讨介入策略（表5.19）。

公共艺术独特的内涵体验　　　　　　　　　　表5.19

类别	具体方法	案例解析
独特的主题建构	在创作中要充分重视独特主题与特定地域性事件及情境的关联分析，充分对主题要素进行细化构成子题集，每一个子题同时又是一个特殊的意念，并与主题紧密联系，从而进行公共艺术独特主题系统化建构	西安大雁塔的系列公共艺术创作就是以"盛唐文化和佛教文化"进行独特的主题建构，公众通过系列文化柱、地刻、浮雕、名人圆雕、小品、音乐喷泉等体验，感悟到盛世大唐的恢宏气度（图5.65）
独特的角色塑造	把城市景观环境的体验过程看作是一场情景剧欣赏和感悟，那么公共艺术则是其中最为重要的角色之一。通过特殊的角色处理赋予人类以情感色彩，承担起独特的教育功能，便成了景观环境体验的主角。角色的选取及塑造非常重要	美国Pembroke Pines广场新设置的公共艺术作为场所中的主要角色极其独特，给人耳目一新的感觉。这件公共艺术作品采用不锈钢材质，造型像树干般"生长"出来，树的叶面采用穿孔板，在佛罗里达州微风中不断摇曳，斑驳的光影塑造了雕塑下的体验，走进这个广场中的人无不被这个独特的角色吸引，公共艺术带给了公众如同亚热带森林的体验感受（图5.66）

5.3.4　交互认同感的介入策略

　　具有交互性特质的公共艺术介入城市景观环境中，可以引发公众与环境之间的良好互动，满足不同体验群体的参与需求，因此，通过相关策略，打造能够满足多元化活动需求并充满活力的公共艺术，以多元的物质和精神媒介为纽带，构建"公共艺术—人—城市景观"互动交流的"场"具有积极的现实意义。具有互动特质的

① 蔡仪著.文学概述[M].北京：人民文学出版社，1981.

图5.65　西安大雁塔北广场的公共艺术

图5.66　美国Pembroke Pines广场新设置的公共艺术

公共艺术与传统城市雕塑相比，最大的区别在于公共参与性：首先它是开放和互动的，满足所有人的参与需求；其次，通过交互的过程，能够让人们在场所中找到定向和认同，获得情感的交互和共鸣。下面将以活动和活力提升为标准，对公共艺术介入城市景观场所精神的交互维度表征策略进行阐述（图5.67）。

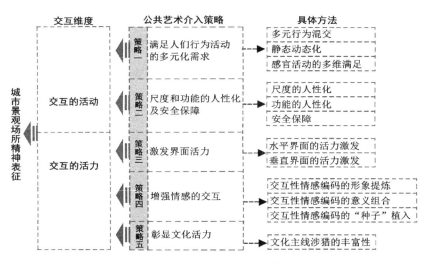

图5.67　交互认同感的介入策略

1）策略一：满足人们行为活动的多元化需求

公众对于介入城市景观中的公共艺术的互动行为可以分为"通过型"互动行为、"停留型"互动行为和"休憩型"互动行为（表5.20）。

互动行为的分类   表5.20

"通过型"互动行为	"停留型"互动行为	"休憩型"互动行为
是指人与公共艺术之间的绝对位移量和相对位移量都不等于零，主要以途经行为为主。途经行为又包括有目的的行走和无目的的行走，上班、上学等都属于有目的的行走，而随意的休闲则属于无目的的行走	是指人与公共艺术的绝对位移基本为零、相对位移不一定为零的活动，人们围绕公共艺术开展各种互动。"停留型"互动行为主要是行为参与，对于公共艺术的行为参与可分为公共性参与（集体参与）、社会性参与（与某种事件关联）、个人参与（自我参与）	是指参与者与公共艺术的绝对位移和相对位置都为零。休憩行为又分群体休憩（如围观）和个人休憩（如观望和冥想）

（1）多元行为交混

人在城市景观环境中及对公共艺术的体验行为活动具有复杂多样的特征，不同的目的表现出不同的行为方式，同时这些行为还具有流动性、聚集性和从众性。为了促进公众与公共艺术之间的互动，需要以人的行为复杂性为基准，提出多元行为交混的具体方法，见表5.21。

多元行为混交的具体方法	表5.21
功能交混	空间意象的交混
强调在城市景观环境中所设置的公共艺术作品在功能上的关联度，由点及线、由线及面，通过建筑、城市雕塑、城市家具等多种公共艺术形式，构建起城市公共艺术的多元化功能网，满足公众在城市景观环境中的多元化行为活动需求	指将地域性渗透到城市景观环境中各种公共艺术形式中，使公众的行为更加适应地域性的需求，进而引发交互行为并提升认可度

（2）静态的动态化

行为心理学认为动态的事物比起静态的事物更能够引发公众互动行为活动，因此通过各种技术手段让介入城市景观中的公共艺术动起来，此类型的公共艺术被称为"动态公共艺术"。传统静态公共艺术的动态化可以通过趣味性、多样性和惊奇性的形态让公众的体验行为活动更加丰富。相比静态的公共艺术，动态的公共艺术具有强大的调和力和吸引力，能够最大限度地实现对公众多元化行为活动的调和，让多元化的活动变得清晰，并将以"被动性"的行为活动转化为主动参与，吸引公众积极地参与互动。

2010年在格鲁吉亚黑海沿岸一个叫巴统（Batumi）的城市，建造了两尊高达8m的户外雕塑，雕塑主体由一男和一女组成，白天的时候，他们静止地相对而望，到了每晚7点，两人便伴随着音乐和灯光开始移动（图5.68）。这就是格鲁吉亚画家塔玛诺·克维斯特德（Tamara Kvesitadze）打造的动态公共艺术作品《阿里和

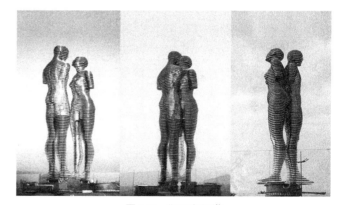

图5.68　阿里和尼诺

尼诺》（*Ali and Nino*）。他用动态的手法来讲述了当地著名小说《阿里与尼诺》中男孩阿里和格鲁吉亚公主尼诺的爱情悲剧。在短短的十分钟内，通过丰富的形体变换展现了爱人间的相识、相知、相爱和分离。对于观者而言，这种动态的表现形式调和了他们多元化的活动参与需求，并引发主动的生理、心理乃至精神行为的互动。

（3）感官活动的多维度满足

当今我国城市景观中的公共艺术大都一味强调视觉层面的品质，而忽视听觉、触觉等公众的感官活动需求。满足单一感官活动的公共艺术大多只是单纯的供人途

经浏览，难以激发人们互动行为的产生。为了满足公众不同的互动行为需求，就要求公共艺术具备多样化的感知途径。随着当今科技的进一步发展，声、光、电等高科技手段逐步运用到公共艺术的视觉、听觉、触觉等互动性触发因素中，极大拓宽了公共艺术的交互价值，更加全面地阐述出"公共艺术、人和城市景观"的互动关系（表5.22）。

感官的维度特质及满足方式　　　　　　　　　　　　　表5.22

类别	特征	满足方式
视觉维度	引发人们视觉层面的注意为目标，并能得到相应满足度	造型、色彩、肌理、材质、动态等的运用
听觉维度	引发人们听觉层面的注意为目标，并能得到相应满足度	人造声音和自然声音等的运用
触觉维度	引发人们触觉层面的注意为目标，并能得到相应满足度	特定材质质感和表面效果的运用和处理

声音是近年来公共艺术创作中逐步利用的技术手段，恰当地使用声音，可以引发公众更多的听觉感知，使人们产生或快乐或安静或激情或兴奋等的感受，同时还能有效减少城市交通、人群等产生的噪声对环境的影响，并成为城市景观地域感知提升的催化剂。

灯光在公共艺术中的广泛使用，也让公共艺术在城市景观空间中发挥着更加持久、多样和独特的功能和作用，尤其是在夜晚，在公共艺术中恰当使用灯光可以为城市景观带来与白天不一样的景观效果，给予公众不一样的交互感受。例如新加坡滨海南公园有一组非常著名的公共艺术作品（图5.69），运用灯光效果，让人们在天桥的穿梭中，白天和夜晚获得了不一样的交互感受。同时风能、太阳能、多媒体等高科技手段的运用，增强了公共艺术本身的趣味性、互动性和对公众的吸引力，使公共艺术凸显着时代气息，更易与当代人的活动需求同轨。

当代美国著名雕塑家比利·李（Billy Lee）为深圳创作的互动公共艺术《色彩域》就成功运用了声、光、投影、喷水等手段（图5.70），实现了对场所精神的表

图5.69　新加坡滨海南公园

征，刺激和引发了互动行为。公共艺术主体采用四个陀螺，旋转代表深圳的时代发展，陀螺上的颜色代表万物色彩，底部水纹既是历史长河的象征，又是当代文明的涟漪，配上特定的音响效果和喷水效果，给人以强烈的视觉和听觉冲击。白天，陀螺的投影会因阳光照射角度的不同而缓缓旋转；夜幕降临，公共艺术又会发出五彩斑斓的灯光，地面上水纹LED灯会不断变化闪烁，加上陀螺顶端时而喷出的水花，引发公共参与，广场也因公共艺术的介入而变得更加具有互动价值。

图5.70　色彩域

2）策略二：尺度和功能的人性化及安全性保障

尺度和功能具有人性化的公共艺术是对人们心理及行为活力的关照，因此更具互动性。介入城市景观中的公共艺术是引发人们互动行为产生的重要元素，从物理层面讲，主要体现在空间尺度和物质功能上多大程度满足了公众心理和行为需求，所以应从尺度和功能层面强调人的主体地位和人与公共艺术的互动关系，同时还要保证互动过程的安全。

（1）尺度的人性化。保证公共艺术在城市景观空间中的人性化尺度是一大难点。公共艺术形式的复杂性，使其尺度对景观空间环境有着不同的影响。从心理层面来讲，公共艺术尺度与所在景观空间的适宜性，给人以安全感和协调感；从社会角度来看，公共艺术以自身的尺度决定着所在景观空间的性质，同时也定义着景观环境中的主要活动。公共艺术在城市景观环境中的效果不仅仅取决于自身的尺度和所在景观空间的尺度，还取决于视点与其之间的距离关系，见表5.23。

视距与公共艺术高度的关系　　　　　　　　　　　　　　　　　　　　　　表5.23

视点位置	释义及图解
$D=H$	视角为45°，可以看清细部，但需要转头来完成整体的观赏
$D=2H$	视角为27°，可不需要转头看到公共艺术的整体，周围的景观元素起到陪衬作用，但是景观空间环境显得相对封闭

视点位置	释义及图解
$D=3H$	视角为18°，这时看到的公共艺术仍是景观环境的主体，但各种细节已与环境地融合在一起，景观空间不再显得完全封闭，这是比较理想的比例关系
$D=6H$	视角为9°，这时观察者看到的天空部分比较多，公共艺术及所在景观空间也显得格外开放，其封闭感逐步消失

H——视平线以上的公共艺术高度
h——视点高度
D——视距

当今许多城市景观环境中的公共艺术作品出现了尺度过大或过小的情况，这样的公共艺术往往在城市景观环境中会显得孤立，给人带来不舒适感：过大会让人感觉到压抑和不安，过小会让人感到卑微，因此追求公共艺术与所在城市景观环境的尺度协调性是公共艺术进行场所精神表征的重要前提。

（2）功能的人性化。公共艺术功能人性化主要是指从使用者的角度出发，确保舒适、安全、合理，在体现不同人群的物质性需求，以及体验过程中的环境行为特征的基础上，创造出类型各异、规模各异、特色各异的公共艺术作品，使其体现定向和认同价值。

韩国著名公共艺术家林玉相在首尔岩洞世界杯体育场旁的天空公园创作了著名的《装天空的碗》，作者积极主张用"公众艺术"代替"精英艺术"，在人性关怀下通过物质功能提升精神功能，强化公众在体验中的归属感。《装天空的碗》的碗状外形是钢结构构架，内部构建了高低层次丰富的环形走廊，人们进入这个裸露结构的巨型碗，沿着台阶攀爬，可以登高远望，同时从"人性化"出发所构建的公共艺术内部环境，既是平台又是座椅，无论冬天还是夏天，都让人感觉到温馨和舒适，一层层的平台又起到了遮阳和挡雨的作用，公众可以安心投入其中玩耍和嬉戏，从而构成一处公共艺术演绎的舞台剧，碗内的人也成了公共艺术的一部分而被碗外的人看到。同时作品是对同名著名诗歌《装天空的碗》的意义阐述，在迎合天空公园主体文化的同时，引发了公众对"如果心是碗，天地就是希望"的精神思考，进一步增强了公共艺术的可识别性归属价值（图5.71）。

图 5.71　装天空的碗

图片来源：王中.城市公共艺术概论[M].北京：北京大学出版社，2004.

（3）安全性保障

介入城市景观的公共艺术除了具备人性化的尺度和功能外，还要确保公众使用过程中的安全性。公共艺术的安全性主要是指在保证人与其交互的过程中人身的安全。公共艺术与其他艺术形式相比，工程性是其显著的特征，从工程建设层面保证公共艺术的安全性策略主要涉及两个方面，见表 5.24。

工程建设层面保证公共艺术的安全性策略的两个方面　　　　　　　　　表 5.24

类别	具体做法
内部隐蔽工程的安全性	内部隐蔽工程往往包括土木结构、水、电等，在设计的过程中要充分考虑风荷载、雪荷载、绝缘等安全因素，同时还要做到防火、避雷、抗震等，通过科学而严谨的计算和设计，保证施工过程的高标准和要求，确保工程坚固性和安全性
外部显露部分的安全性	外部显露部分的安全性主要是保证人们可接触界面的安全，在人们能够接触的界面中根据实际安全情况的需要不能存在"过尖、过滑、过洼、过深"的界面形态，同时在材料选取上应选择坚固耐用的材料，避免选取易碎、易燃、易爆、易损等材质

3）策略三：激发界面活力

当公共艺术赋予城市景观界面以生机和活力时，便会激发公众的交互欲望，因此，这就需要积极探寻公共艺术如何打造和提升城市景观界面活力，为公众交互行为的产生创造更多的条件。城市景观的界面主要分为水平界面和垂直界面，下面将从水平和垂直两大界面层次探讨基于城市景观界面活力彰显的公共艺术介入策略。

（1）水平界面的活力激发

以界面在城市景观环境中的空间位置作为分类标准，通常情况下，水平界面包括底界面和顶界面两种类型。底界面又主要包括硬质地面和软质地面（水面和绿地）。底界面就是城市景观环境的地面，支持着空间环境中的所有物质和一切行为活动，具有提示性和导向性。底界面往往是人们通过、停留或休憩的主要界面，是公共艺术与公众进行互动性建构的主要界面，因此可以通过公共艺术的介入，对底界面进行特殊的处理，吸引公众的视觉注意力，进而激发他们交互行为的产生。顶界面指的是由水平元素所构成的空间顶面，主要是由树阵的树冠以及各种构筑物所组成的界面，相对于底界面而言，顶界面会给人以安全感和呵护感，通过环境心理学的研究，人们乐于停留在顶界面所限定的城市景观空间中；可以通过公共艺术介入城市景观顶界面，实现对空间划分的同时提升界面的活力，营造出丰富的水平交互界面。在水平界面设置的公共艺术可以起到景观空间引导的作用，进而激发公众交流、观望、参与等交互行为。针对不同水平界面的属性可以采取以下相关具体方面进行界面活力的激发（表5.25）。

激发水平界面活力的方法   表5.25

类别	具体方法	案例解析
底界面	改变硬质铺地或软质铺地的形式、材质或色彩，将地域性的文化符号要素以地刻或壁画图案拼贴的形式在底界面呈现，从而给参与者不同的生理或心理感受，引发人们互动行为产生	作为美国西雅图百老汇区域的改造项目，8组舞步脚印采用铸铜材质制作，并以地面铺装的形式镶嵌其中，根据步姿的不同分别安置在节点的相应位置中，每组脚印均以两个人跳舞时的运动轨迹形成的舞步顺序进行排列，并由箭头和"R"、"L"标示出舞者正确的脚步移动。建成之后，公众被这种互动式的艺术形式所吸引，不断加入对舞步的体验，极大提升了百老汇的公众参与度和景观活力（图5.72） **图5.72　舞者系列——舞步** 图片来源：王中.城市公共艺术概论[M].北京：北京大学出版社，2004.
	用削平、加高或凿洞等手段，打破底界面原来的状态，通过制造趣味性和神秘感，提升底界面活力，激发公众的互动行为	在2011年西安国际世园会大师园中，由德国设计师马丁·卡诺（Martin Cano）所设计的《大挖掘园》就是采用在底界面凿洞的策略，激活了底界面的活力，引发了公众的交互欲望，他这样解释自己的作品："在孩提时代，每个人都会有梦想，就是不断地向下挖地洞可以到达世界的另一端，而这个作品就是对孩提梦想的表达，充满了天真和幻想感。"（图5.73）

类　别	具体方法	案例解析
底界面		 图5.73　大挖掘园
顶界面	以绿植为元素进行顶界面的艺术构建。绿植是城市景观环境中最主要的自然要素，除了营造惬意和富有生机的环境外，在经过艺术化的处理后更能吸引人们的注意，进而激发公众的交互行为	英国著名艺术家戴维·纳什（David Nash）的一件作品以自然生长中的树为材质，树的枝干向顶面中心汇集，公众在其中可以感受到大自然的呵护，多元化的交互行为也由此产生（图5.74）。 图5.74　戴维·纳什的公共艺术作品
	通过人工艺术构筑物的形式来提升顶界面的活力。运用人工要素组成的城市景观环境顶界面既可满足公众的通过、停留和休憩的需求，又能营造一种特殊的感官意象，在提升顶界面活力的同时对公众产生吸引力，从而实现与公众的交互	美国艺术家珍妮特·艾克曼（Janet Echelman）以天空为空间，创作了大量城市顶界面公共艺术作品，图5.75为艾克曼在波士顿Rose Kennedy绿道365英尺上空悬挂的公共艺术作品。这件充满纪念性的公共艺术跨越600英尺，流动的作品由手工制成的绳子编织而成，总共大概有50万个结点，如缎带般精致，悬浮在绿道和人行公园的上空，让城市的上空充满了艺术的活力，给予参与者积极的视觉和心理体验。"其中的三个空洞所形成的虚空间是对于城市中曾经存在三座大山的回忆，这些大山在建立港口时被铲平"

类　别	具体方法	案例解析
顶界面		 　　　　　图5.75　波士顿Rose Kennedy绿道上空悬挂的公共艺术作品

（2）垂直界面的活力激发

垂直界面是以竖向的元素为主所构成的界面，在城市景观环境中，垂直界面的形式多种多样。竖向界面活力提升策略主要有两种：一是依附于建筑物界面进行公共艺术设置。建筑及构筑物界面主要指的是它们的表皮，是城市景观的重要构成元素之一，对整个城市环境的品质起到了决定作用。人类在城市中的多元化活动也与建筑或其他构筑物表皮发生着密切的关系，建筑及其他构筑物表皮往往可以成为视觉的焦点和城市景观的背景。二是通过公共艺术自身实体占据而独立形成界面，以"嵌入"的方式介入城市景观空间中，可以打破原来空阔的和呆板的竖向界面状态，让空间变得丰富起来，从而激发公众互动行为的产生。针对不同界面的属性可以采取以下相关具体方法进行界面活力的激发（表5.26）。

激发垂直界面活力的方法　　　　　　　　　　　　　　表5.26

类别	具体方法
依附于建筑及其他构筑物界面	用提炼的城市文化色彩对建筑及其他构筑物的外表皮进行颜色调整，每个城市在城市设计体系中都会进行地域性色彩提炼，通过将这些色彩应用到界面活力激发中，可以在视觉上体现城市的独特性，从而提升视觉活力
	选用与地域文化性格相匹配的材质对"千篇一律"建筑及其他构筑物的外表皮的原有材质进行替换，在统一性的基础上，强化它们之间的差异性，通过材质焕发界面活力
	运用能够传达地域文化语言的圆雕、浮雕或壁画语言的形式，有重点地选择性介入建筑及其他构筑物的界面活力激活

类别	具体方法
实体占据独立形成界面	通过公共艺术介入城市景观，改变竖向界面的呆板状态，并可以形成公众的竖向视觉焦点，让整个空间变得生动和丰富起来，公众也乐意参与这样的空间体验中

在笔者随导师完成的延安石佛沟广场项目中，就将浮雕的艺术语言运用到了构筑物立面上（图5.76），以安塞腰鼓的典型特征作为画面的主体内容，配合地域性的社会场景内容，演艺人群富有豪情的动态形象语言唤起了公众的情感共鸣，进而激发人们互动行为的产生。

图5.76　延安石佛沟广场建筑立面浮雕

美国著名雕塑家亚历山大·考尔德（Alexander Calder）于1973年在芝加哥广场创作的《火烈鸟》雕塑以实体"嵌入"城市竖向环境（图5.77），通过占据独立形成的竖向界面，运用富有张力感的雕塑造型和独具力量感的红色打破了原有竖向界面冰冷的直线造型和压抑的灰色背景，让广场环境的竖向界面焕发出活力与生机，给予公众以活力和激情的参与感，引发公众的交互行为。

图5.77　火烈鸟

图片来源：Billy Lee 提供

4）策略四：增强情感的交互

介入城市景观中的公共艺术的情感互动过程可以理解为"触景生情"，同时情又能提升景，在这个双向过程中，通过公共艺术所传达的情感是否能够与公众的情感产生互动是衡量的关键。城市景观作为展现城市文化的主要场所，通过公共艺术的介入，可以形成人和城市景观间的情感关系纽带，引发公众与环境的情感互动，从而达到精神层面的对话和交流。公共艺术引发公众产生情感互动的过程可以理解成共鸣符号的解码过程，解码的方法可以有三种，见表5.27。

增强公共艺术情感交互的方法　　　　　　　　　　　　表5.27

类别	具体方法	案例
交互性情感编码的形象提炼	在公共艺术创作中，对于情感编码的形象提炼不是单方面和随意性的，而是要充分研究具有交互价值的情感编码的形象属性，并以"公共艺术、人、城市景观"的互动为前提，在它们之间建立良好的"交互"联系，这样提炼出来的形象才具有情感交互价值	成都宽窄巷子
交互性情感编码的意义组合	公共艺术作为情感符号，被有序地编排在意义系统中。现代与过去的语汇并置，以及各个时代情感印记的共存和对比，反映了对公共艺术情感互动的特定性、丰富性和历史性，通过互动情感编码的意义组合，与地域群体以情感共建为准则，从而形成一个"情感互动场"	华裔设计师林璎（Maya Lin）在美国设计建成的华盛顿越南阵亡将士纪念碑
交互性情感编码的"种子"植入	随着时代的发展，许多场景不可避免地会发生衰败和消亡的变化，如果纯粹采取清除的手法用全新的物件或场景进行完全替代，那么许多过去的情感编码将会被抹杀，因此可采用情感编码的"种子"植入策略，建立与公众的情感交互联系，实现对旧有情感记忆编码的延续和传承。或许在新的环境中，原有编码的物质功能已不复存在，但它们的情感互动意义通过"种子"形式被保留下来，为新的景观环境赋予了互动的情感体验价值。这种策略被国内外许多的建筑师、景观师、雕塑家所采用，通过对地域性历史符号的保留，创作植根于历史和人类的情感记忆，从而产生精神的交流与互动	郑州1904公园景观环境

成都的宽窄巷子由宽巷子、窄巷子、井巷子平行排列组成，其中设置的多幅公共艺术作品就实现了对交互性情感编码的形象提炼，而与公众产生了良好的情感互动效果。在这种互动中，公共艺术通过特定"编码形象"传达出对"老四川"过去市井"慢"生活的甜美情感回忆，公众似乎经历了一场"时空穿越"，成了产生情感回忆的"编码"，他们的表情则更体现了与过去人物和事物的"对

图5.78　成都宽窄巷子中人与公共艺术的互动

话"，在这场"穿越"的过程中将体验的情感反应反馈给公共艺术，从而提升公共艺术的情感感染力（图5.78）。

华裔设计师林璎于20世纪70年代在美国设计建成的华盛顿越南阵亡将士纪念碑就是一个巨大的"情感互动场"(图5.79)，通过特殊的造型语言传达出缅怀的情感，正如林璎所说："这个作品是对大地的解剖和润饰。"她根据现场的实际场地条件，按照等腰三角形的比例向下切出一块"V"字三角地形，隐喻战争造成的创伤。

图5.79　华盛顿越南阵亡将士纪念碑

"V"字三角形的竖向立面用黑色花岗石饰面，并将所有阵亡将士的名字刻在上面，形成了"黑色死亡之谷"的形象。看到越战纪念墙的造型和墙上密密麻麻的名字，公众会产生视觉、心理、行为及精神的互动，在哀悼阵亡将士的同时，也在彼此交流中寻找人生的意义和价值。

郑州1904公园(图5.80)景观环境中成功运用交互性情感编码的"种子"诠释了"火车"和"工业怀旧"的地域性情感关键，引发了与公众情感活动的良好互动。1904年是火车首次驶入郑州的一个非常重要的年份，公园以现存的废旧铁轨所在地与周边环境形成线性空间，将驿站、传声器、情侣、轨道车、火车头、巡道工等公共艺术形象分布于景观中的主要节点，讲述了这个城市与火车的独特缘分，唤醒公众对这段历史的回忆。

5）策略五：彰显文化活力

公共艺术通过具体形象的塑造可以对城市景观进行文化彰显，使原本死气沉沉的环境焕发活力。刘易斯·芒福德先生曾提出："城市主要功能就是化力为形、化权能为文化、化腐朽物为活灵灵的艺术形象、化生物繁衍为社会创新。城市有三个基本的使命，就是储存文化、流传文化、创造文化。"[①]城市在各自长期的发展和演变的过程孕育了丰富的城市文化，公共艺术就像是文化"代言人"，通过对丰富的城市文化的彰显，让公众感受到其所具有的强大文化活力，由此而充满"文化自信"，催生出公众的"主动式"互动行为。公共艺术的文化活力与表现内容的丰富性密切

① 刘易斯·芒福德.城市发展史[M].宋俊岭，倪文彦译.上海：三联出版社，2018.

驿站　　传声器　情侣　　轧道车　　火车头广场　巡道工

图5.80　郑州1904公园中的公共艺术

相关，因此，可以运用文化主线进行相关策略研究。

　　中国具有五千年的历史文明，每座城市也在其漫长的历史进程中积淀了丰富的地域性城市文化，这是一座城市的精神根基所在，也最能体现一座城市的活力。因此在进行公共艺术创作时，要对该地域的历史、文化等要素进行充分挖掘和研究，诸如通过文献资料，查找该地域范围内历史上曾经发生过的重大事件，出现过的重要人物、民间传说、宗教信仰、民风民俗、社会新风尚等，有地域针对性地丰富公共艺术文化主线的涉猎范围，通过反映多元化的文化内容，让公共艺术介入后的城市景观独具文化活力。这里对公共艺术可涉猎的文化主线进行了整理和归类（图5.81）。

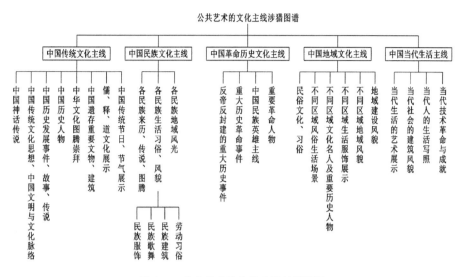

图5.81 公共艺术的文化主线涉猎图谱

5.3.5 归属认同感的介入策略

朱文一先生指出："当前的城市景观环境逐渐趋向无序、无差别的状态，人的归属感和定向感会减弱甚至消失，取而代之的是失落感和茫然感。"[①] 并用"零识别"这个词表达了对当今"雷同化"城市建设和发展的忧虑。"零识别"导致大量没有历史、没有中心、没有特色的城市景观环境的产生，这种倾向也慢慢渗透到城市公共艺术的建设中来，所谓的"政绩工程"和"国际模式"，在这种时间和空间强力约束下，往往忽略了所在景观环境中的可识别性和文化性，在速度和质量的追逐中，公共艺术应表达的人文关怀和场所精神逐步丧失，人们也逐渐忘却了世界的差异性，公众的归属感变得退化而麻木，逐渐与城市变得疏离。凯文·林奇提出："所谓疏离的城市，归根结底是一个偌大的空间，人处其中，无法在脑海中为自己定位，识别自我。"[②] 这里的空间指的就是城市景观空间，识别和文化是公众归属感形成的最主要的力量。城市公共艺术的可识别性和文化性是指外形与内涵独具品质，就是要以可识别性和文化性为标准，运用公共艺术充分挖掘彰显城市文脉资源，从而全面塑造和提升人们在景观环境中的归属感（图5.82）。

① 朱文一.中国营造理念VS"零识别城市/建筑"[J].建筑学报，2003（1）：30.

② 凯文·林奇.城市意象[M].方益萍，何晓军译.北京：华夏出版社，2001.

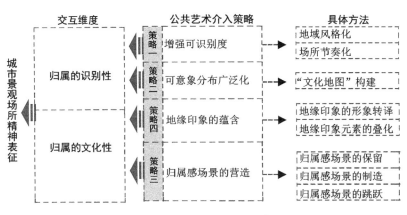

图5.82　归属认同感的介入策略

1）策略一：增强可识别度

公共艺术介入城市景观场所精神的归属维度表征首先取决于公共艺术介入后的可识别度，可识别度提高意味着更易于被公众的视觉系统所感知，并进一步刺激其心理反应，产生归属感。公共艺术在提升场所可识别度层面可以从地域风格化和场所节奏感两个方面着手，见表5.28。

增强可识别度的方法　　　　　　　　　　　　　　　　　　　　　　表5.28

类别	具体方法	案例
地域风格化	将公共艺术的形体样式划定到一个较为宽泛的范围，允许不同的个性化声音发声，可以避免失去形体的个性而促使风格的形成。不同的地域、不同的民族会受不同的政治、经济、文化等的影响，会具有各种的生存方式和个性化风格，当公共艺术表现出地域的、民族的个性并将形体控制在一个较特殊的范围时，才能够与其他的形体进行区别。具有独特地域风格造型、材质、色彩等特定的公共艺术项目会更具可识别度，也易于公众在体验的过程中找到归属感	西安大庆路西端宽阔的绿化带中的《丝路群雕》
场所节奏感	自然界的形体虽然都有自身的构成规律，但是大都缺乏明确的秩序。公共艺术的秩序不同于自然秩序，其秩序是通过对自然秩序的研究之后进行重新组合，意在提升可辨识度和内涵诠释。这一方法就是在众多的形象中寻找它们的内在秩序关系，并在这种关系中创造新的特殊形象，通过秩序的加强形成节奏感。公共艺术是有生命的，从心脏跳动到花开花落都充满了节奏感，公共艺术的繁简之间、疏密之间、浓淡之间、缓急之间也应充满节奏感，并善于运用"快进"与"慢放"、"概述"与"详述"的手段，结合景观环境节奏营造三段式或五段式，强化可识别性的轴线组织，这样可以有效延长体验时间，感知更多的独特与差异，为可识别性的形成提供支持	著名雕塑大师布朗库西所创作的提古丘战争纪念碑组合作品

　　著名雕塑家马改户教授在西安大庆路西端宽阔的绿化带中所创作的《丝路群雕》无论造型还是材质都具有很强的地域风格，造型古拙苍劲，地域性的浅褐色花岗岩石料古朴典雅、厚重久远。从一端远看，整座雕塑犹如气势磅礴、雄伟浑厚的高山，当落日余晖沐浴之时，似乎又呈现出戈壁沙砾的金黄色，犹如茫茫大漠中饱经风蚀的巍巍城堡。凝望雕塑，如同阅读一部沧桑的丝路历史，地域风格化的成功表现，让公众肃然起敬（图5.83）。

　　著名雕塑大师布朗库西所创作的提古丘战争纪念碑组合作品从提古丘计划的初期历史到英雄林荫大道的实现，始终阐释着"道"的设计理念，从《沉默的桌子》到《无止境的圆柱》的布局，距离上相隔甚远，正是作者所要表达的"英雄之路永远是漫长而难行的"在地化。布朗库西将《吻之门》诠释成"通往来世的大门"，并将《无止境的圆柱》诠释为"通往天堂的阶梯"，《沉默的桌子》的尺度近人，让人联想到家庭，彰显了生命的谦卑和家庭的团聚。提古丘的三件作品并不是各自独立的，而是用线紧密联系在一起，通过公共艺术构建出一条具有节奏的轴线，营造出整体场所的可识别性，在精神层面强调了人类生命的整个过程（图5.84）。

图5.83　丝路群雕

　　2）策略二：可意象分布广泛化

　　"可意象性"是美国城市设计大师凯文·林奇最先提出的概

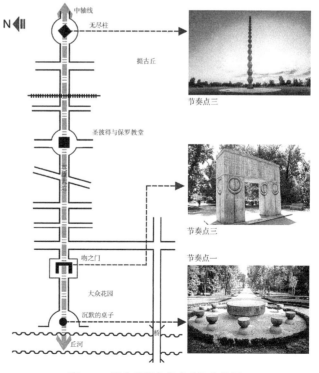

图5.84　提古丘战争纪念碑组合作品

念，他指出"有形物体中蕴含的，对于任何观察者都很有可能唤起强烈意象的特征"[①]，诸如形态、颜色和布局都有助于创造个性生动、结构鲜明、高度实用的环境意象，可称为"可读性"或更高意义上的"可见性"，即物体不只是被看见，而且是清晰、强烈地被感知。城市景观环境的归属性营造首先要求具有可意象性，通过形象的物质特性让公众的心理感受产生认同，并能够留下持久的记忆和印象，这既是城市景观形态学的特征，又是环境及行为心理学的要求。

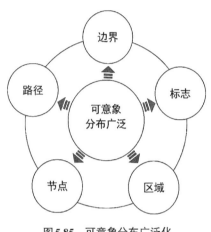

图5.85   可意象分布广泛化

公共艺术作为城市景观中可意象元素的重要组成部分，通过在路径、节点、区域、标志、边界等五类可意象元素中的广泛分布，构建起具有地域性色彩和层次分明的意象，彰显出强大的可识别度，同时在公众的心理层面形成更具活力和特色、结构更加清晰的"文化地图"，最终对于公众归属感的形成具有有效的激发作用。因此，运用公共艺术的文化传播功能，重点对城市景观中路径、节点、区域、标志、边界五个部分进行文化植入，可以有效提升城市环境的整体可识别度，让公众在"文化地图"的感知过程中萌生归属之感（图5.85）。

3）策略三：地缘印象的蕴含

优秀的公共艺术作品还蕴含着丰富的地缘印象，在公众的体验中可以产生情感的共鸣，进而生成对环境的归属感，公共艺术运用具象的形式来表现抽象的地缘印象。地缘印象与地缘关系密切关联。地缘关系原本是一个地理学的概念，是指以地理位置为联结纽带的一定地理范围内，在共同的自然、社会及生产和生活方式影响下，人们共同生活、活动交往产生的特定关系，地缘印象便是在这种地缘关系中生成的。故土观念、乡亲观念就是这种地缘印象的反映。在一定层面上讲，公共艺术就是寄托人的地缘印象的物质载体，对具有地缘印象的公共艺术的体验可以唤醒情感的共鸣。具体可以通过地缘印象的形象转译和地缘印象元素的空间叠化两种方法，使介入城市景观中的公共艺术蕴含丰富的地缘印象（表5.29）。

英国的著名地标《北方天使》通过人和飞机机翼的造型实现了地缘印象的转译，传达出该地曾经以钢铁铸造为主的地缘印象，并与公众产生了良好的对话（图5.86）。19世纪工业革命后，盖茨黑德重工业衰落，大批人口外迁，之后一场大火又将这

---

① 凯文·林奇.城市意象[M].方益萍，何晓军译.北京：华夏出版社，2001.

地缘印象蕴含的方法   表5.29

类别	具体方法	案例
地缘印象的形象转译	通过公共艺术塑造某种形象，来阐释特定的地缘性情感内涵。当今的城市景观越来越重视公共艺术的转译价值，通过对场地地缘印象的深入研究与提取，并将这种情感渗透到公共艺术中，从而使公共艺术具有地缘印象，公众也会因对这种地缘印象的感知而形成情感共鸣。有些公共艺术的转译是通过显性的地缘印象特征来表达直观的艺术效果，易于被公众理解和认知，有些公共艺术的转译则对地缘印象进行含蓄的表达，让公众产生联想	英国的著名地标《北方天使》
地缘印象元素的空间叠化	"'古藤老树昏鸦，小桥流水人家，古道西风瘦马，断肠人在天涯'，古诗中总共运用了9种地缘印象元素，并将这些元素在同一首诗中进行叠化并置，描绘出一幅秋郊夕阳图，表达了作者深深的思乡之情。"[1] 诗歌是一门高度精练的艺术，通过对语言的精心锤炼与叙述，在读者的脑海中进行情感空间的叠化，从而形成一幅想象化的图景，达成情感的体验与升华。因此，在公共艺术的情感传达中可以借鉴诗歌的手法，对相关的情感元素符号进行提炼和叠化，这也犹如电影中的组接与叠印，通过视觉冲击力增强公共艺术情感的表达效果	查尔斯·摩尔设计创作的美国新奥尔良的意大利广场

里烧得精光。当地政府希望振兴这个工业大城，让城市居民重获地缘印象，重燃对生活的希望。创作者安东尼·戈姆雷（Antony Gormley）正是以历史背景为灵感，选用了蕴含情感的当地钢铁，通过展开和747飞机一样大的巨型尺度，以天使的外形隐喻希望，成功对地缘印象进行了转译，整座城市也实现了地缘印象的回归。

图5.86 北方天使

查尔斯·摩尔设计创作的美国新奥尔良的意大利广场（图5.87）在美国的景观设计中具有突破性的意义。广场对民族情感符号进行了完美的空间叠化，将柱型、拱券、人造喷泉等意大利各地的建筑及景观要素拼装在一起，但并非是毫无意义的糅杂，而是通过暗喻的手法将历史的地域性情感符号进行变形排列。广场的中央是意大利版图，广场的一侧是一组大型的台阶式喷泉，背景是象征阿尔卑斯山之水沿台阶流下，最后汇入广场中央意喻"地中海"的造型之中，整体表达出意大利移民浓

---

① 杨茂川，何隽.人文关怀视野下的城市公共空间设计[M].北京：科学出版社，2018.

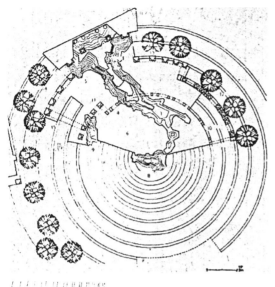

图5.87　美国新奥尔良的意大利广场

浓的情感。当体验者在这些柱子、拱券和墙壁间穿梭，在水池中的意大利地图上踱步时，这些元素与体验者的情感形成了"互文性"关系，形成了一个环环相扣的情感符号系统；通过公众对地域性符号的"互文性"思考，实现了对意大利情结的认同和回归。

4）策略四：归属感场景的营造

公共艺术作为城市景观场所环境中的重要信息媒介，可采用归属感场景的保留、归属感场景的制造和归属感场景的跳跃（蒙太奇手法）三种方法，构建场景的形式，传递给公众大量的地域性自然和人文信息，在公众的不断体验中产生归属感，具体见表5.30。

巴塞罗那的克洛特公园最大限度地保留原有场景构成要素，营造极具归属感的场所环境。公园由形状不规则的水池、树和草坡形成的自然基地、唤起记忆的广场以及两条步行街桥四部分组

归属感场景营造的方法　　　　　　　　　　　　　　　　　表5.30

类别	具体方法	案例
归属感场景的保留	普鲁斯特曾经说过："现实当中的美常常会令人难忘，因为想象力只能为不在场的事物发生，有时候，一个场地最明显的独特之处不是实际在现场的一切，想到一朵花，甚至是闻到花香就会使我们想起往昔的某些时刻。"[①] 可见，富有记忆的场所总可以让我们浮想联翩。从某种程度上讲，优秀的公共艺术都是在创造一种记忆的场景，尤其是通过场所中特定空间和实体元素的保留和艺术加工，可以为公众构建起更为广阔的社会精神空间。因此，通过公共艺术对具有归属感场景的保留，形象记录可以触摸和感知的历史，其本身就具有了一种相对永恒性，并具备了有归属感的场所属性	巴塞罗那圣马提工业区的克洛特公园

———————

① M.普鲁斯特.追忆似水年华[M].南京：译林出版社，2012.

续表

类别	具体方法	案例
归属感场景的制造	建筑师伦佐·皮亚诺认为城市设计的过程实际上也是场景制造的过程，公共艺术作为城市设计的重要组成部分，因此也具有了场景制造的社会属性，公共艺术所制造的场景不仅是指一处明确的区域空间，还包括场所中的所有事件和活动。随着历史的变迁，许多的事件和活动已不复存在，如果单纯复制和克隆只可能成为"赝品"场所，但是可以有效运用公共艺术的物质形态形成清晰的场景意象，以社会场景制造的身份而存在，构成场所事件和活动的符号，唤起公众的集体记忆。公共艺术作为城市景观场景制造的重要手段，有着属于场所的文化感染力，引发和推动公众进一步提升特定区域的场所属性，并增强公众回忆过去的能动性和归属感	建筑大师文丘里创作的富兰克林故居
归属感场景的跳跃（蒙太奇手法）	蒙太奇手法是电影中惯用的艺术语言，可以实现故事情节的时空并置，以立体化的语言呈现故事的人物、场景等。公共艺术作为场景跳跃的艺术，也可以将蒙太奇的手法引入创作，实现时空归属感场景的营造。把不同时间的场景要素并置在同一空间中，历史的时效性会淡化，场景的"共时性"会增强，给公众带来深刻的记忆感受或梦幻般的场所体验，场所归属感也被时间轴和空间轴立体构建起来	美国华盛顿罗斯福纪念公园

成，其中最大的亮点就在对废弃建筑拆除的过程中保留了旧工厂建筑的墙体片段和柱廊，并创造性地将瀑布元素与旧的柱廊相结合，是对古罗马时代以来的排水沟渠效果的再现；同时还对历史遗留下来的烟囱进行了很好的保护——现在似乎已成为地标，时时向人们诉说着工厂曾经的辉煌。在公园里还新建了灯塔，仿佛是过去烟囱的现代演绎，比例尺度上两者极其相似，过去的烟囱在夜晚时会冒出零星的火光，展示出工业文明的辉煌，现今的灯塔照耀着整个公园，唤起了公众对烟囱的回忆。克洛特公园注重不同空间的使用关系，用公共艺术的创作理念将历史的建筑元素很好地保留下来，并运用当今的技术、材料、理念与历史遗迹巧妙结合在一起，原来工厂建筑的片段墙体、柱廊及烟囱就成为具有文脉价值的公共艺术作品而处于公园的核心位置，同时新建部分也充分体现了对传统文脉的继承，形成了独具文脉特色的整体设计，使该公园独具魅力（图5.88）。

建筑大师文丘里所创作的富兰克林故居可以看作是公共艺术场景制造的典型案例。富兰克林故居在1812年被夷为平地，考古资料中故居只有基础，而无立面细节。文丘里大师没有按照原样对故居进行复制建设，而是对故居的场景进行艺术创造。进入故居庭院的古老门洞，首次映入眼帘的是独具地标性内涵的白色框架勾勒出的富兰克林故居建筑轮廓，在框架旁的墙面上绘制着故居的平面图，并在旁边的地面铺装石板上刻有相关的文字说明，与庭院西侧墙面上的图文一起，共同诉说

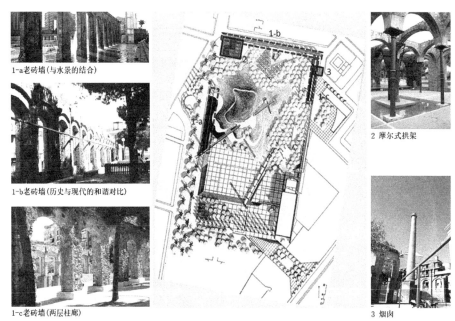

1-a老砖墙（与水景的结合）

1-b老砖墙（历史与现代的和谐对比）

1-c老砖墙（两层柱廊）

2 摩尔式拱架

3 烟囱

图5.88   克洛特公园

图5.89   富兰克林故居

着过去，更加增强了场所的复杂性，在白色框架制造的场景中让人感觉到时空的倒流。富兰克林纪念馆并没有强调史迹的绝对复制，而是使用独特的设计手法，体现出作者对现实环境的尊重，又制造出特定的场所精神，实现了精神与观者的互动，其价值核心直指社会学。纪念馆落成后，每年都会吸引数十万人前来参观，被誉为费城最优秀的公共艺术作品，凸显了公共艺术具有归属感的场景制造价值（图5.89）。

美国华盛顿罗斯福纪念公园中的系列公共艺术作品运用蒙太奇手法实现了时间和空间的场景跳跃，营造出具有归属感的场所。公园把17组公共艺术作品安置在4个空间环境中，以历史事件发生的时间为脉络，用蒙太奇的手法进行布局，入口用巨大的花岗石形成屏障，实现广场内外空间的界定，之后营造出一处肃穆的序曲空间；而后进入了经济恐慌和萧条阶段，运用公共艺术营造紧张、强烈和宣泄的空间氛围；再后面到1945年罗斯福去世，公共艺术塑造出的场景情感达到高潮；最后美国进入战后时代，公共艺术的场景营造流露出自由和乐观的城市精神。4个历史节点空间各具特色，共时性呈现在同一个公园中，营造了一个巨大的历史场景，在体验的过程中，公众内心的那份精神信念也找到了归属（图5.90）。

① 空间1（1933～1936年）罗斯福总统上任初期（开端）
　Ⓐ 就职瀑布
　Ⓑ 第一次就职雕像
② 空间2（1937～1940年）经济恐慌时期（发展）
　Ⓒ "火炉旁谈话"雕塑
　Ⓓ "乡村夫妇"及"等待面包的队伍"雕塑
　Ⓔ 浮雕柱
　Ⓕ 田纳西河谷流域水利工程
③ 空间3（1941～1944年）"二战"时期（高潮）
　Ⓖ 战争跌水瀑布
　Ⓗ 罗斯福与爱犬雕像
④ 空间4（1945年）和平富足时期（尾声）
　Ⓘ "送葬者的队伍"浮雕
　Ⓙ 倒影池
　Ⓚ 总统夫人像
　Ⓛ "四种自由"叠水瀑布

图5.90　美国华盛顿罗斯福纪念公园

5.4 协同介入理论的建构

以上引入建筑现象学的场所精神理论，协调"城市景观—公共艺术—人"三者的密切关系，以传统造物哲学观为基础，从定向感和认同感两个角度出发，系统总结了基于城市景观场所精神表征的公共艺术介入策略，根据这些策略背后所蕴含的深层次内在规律，提出一种基于当今城市景观场所精神表征的公共艺术介入理论——协同介入理论。

1) 什么是"协同介入"的公共艺术

我们把能够协调"城市景观—公共艺术—人"之间的密切关系，充分利用场所资源满足公众的实际诉求，高效对场所精神中的定向感和认同感进行表征的公共艺术称为协同介入的公共艺术。

公共艺术的"协同介入"理论最根本依据是物理学家哈肯（Hermann Haken）的协同理论。协同理论提出，千差万别的系统，尽管在属性上不尽相同，但是在整体的环境中，各个系统之间却是相互配合和合作以及相互干扰和影响的。受协同理论的启发，如果把城市景观、公共艺术和人作为三种属性不同的系统，那么协同介入的公共艺术关键就是能否充分协调城市景观、公共艺术和人三者之间相互合作、相互制约的关系，高效实现定向感和认同感的表征。因此，协同介入的公共艺术必须同时具备以下两大特征：

其一，协同介入的公共艺术必须实现城市景观、公共艺术和人三大系统的相互合作与制约。换言之，单一或两两之间系统的相互作用不一定是协同介入的公共艺术。

其二，协同介入的公共艺术必须高效利用城市景观场所资源、高度满足公众定向感和认同感的需求，低效和低认同度的公共艺术一定不是协同介入的公共艺术。

2) 公共艺术协同介入的目标

协同介入的公共艺术的终极目标是找到能够对城市景观场所精神进行"高度"表征的介入策略。换言之，协同介入的公共艺术的最终目标是寻找城市景观、公共艺术、人三个系统之间的"最优关系"和"最优合作"，最终通过定向感和认同感的营造，实现城市景观场所精神的表征。

其一，"城市景观"、"公共艺术"和"人"之间的"最优关系"是什么？

其二，如何实现"公共艺术"对"城市景观"的最佳利用和对"人"的最大满足？

基于城市景观场所精神表征的公共艺术协同介入理论关注的重点是"城市景观—公共艺术—人"三大系统之间的相互合作和制约关系，公共艺术在介入城市景观场所精神表征中，一定会与城市景观及公众发生密切的关系，但是三者的关系有多密切，这些关系体现在哪些方面，其中又蕴含着怎样的规律，是否存在着最佳协同介入策略，如何通过协同介入策略实现城市景观场所精神的表征，这些都需要后续不断的思考。

3）协同介入公共艺术的几点主张

（1）公共艺术协同介入的价值观

公共艺术的协同介入理论认为：评价公共艺术介入的主要标准是看其对城市景观场所资源的利用度和公众需求的满足度。因此，以城市景观场所精神表征为目的，最好的公共艺术介入是能够最优协调"城市景观""公共艺术"和"人"之间的密切关系，而非强行或过度介入。

（2）公共艺术协同介入的创作观

公共艺术的协同介入理论认为：公共艺术首先是能够高效完善和重塑城市景观场所中的实体、空间和事件元素，实现定向感的营造；其次能够高度满足当今公众的认同需求，实现认同感的营造。否定在公共艺术创作中只关注自身形式、符号、材质和体量等的孤立创作观，抑或是简单的照抄和模仿，主张在创作中协同三大系统的关系进行创作的方法。

（3）公共艺术协同介入的整体观

公共艺术协同介入理论认为：公共艺术的介入是建立在一整套系统规则的约束下的，通过规则对各类系统进行整合，实现对城市景观场所精神的表征。

5.5 小结

本章构建了基于当今城市景观场所精神表征的公共艺术介入策略，即"一核两式五维"策略，力求通过各种可能的方式和方法，实现人们对于城市景观场所精神的感知。其中"两式"策略是强调对场地中原有实体元素、空间元素和事件元素的尊重，根据可利用资源的丰富度、受损度和缺失度，提出完善与凸显策略及再生与重塑策略；"五维"策略则是对人的各类感知需求的注重，根据不同的需求价值取向，分别从审美维度、生态维度、体验维度、交互维度和归属维度提出相应的表征策略。然而各种策略的实施并非是依靠个人的喜好或主观意愿，而必须是以场地的实际条件和公众的感知需求为基础。场地条件和公众实际需求的差异性会造成采用策略的不同，有时会以一种策略作为主导或几种策略共同作用，根据场所精神表征的不同实际需要，策略的侧重点也会有所不同，因此要因地制宜、因时制宜、因人而异，有目的和有针对性地采用相关策略，最后对基于当今城市景观场所精神表征的公共艺术介入策略进行总结和分析，构建起公共艺术的协同介入理论。

6

公共艺术介入后的城市景观场所精神表征POE评价

　　21世纪城市景观应把"人"的发展放在首位，从人的实际需求出发，以城市人文
提升为目标，进行场所精神的表征，从而构建起人与城市景观的良好互动。公共艺术
的介入能够很好地从定向感和认同感两个方面对当今城市景观场所精神进行表征，通
过系统的研究，在提出系统性的表征策略的基础上引入当今城市景观场所精神表征
的使用后评价（Post Occupancy Evaluation，以下简称城市景观场所精神表征POE评
价），既能以使用者的视角反映当今城市景观场所精神表征的水平，更能对基于当今
城市景观场所精神表征的公共艺术介入策略的应用效果进行验证，从而形成良好的反
馈和检验机制，对当今城市景观场所精神表征起到积极的指导和约束作用（图6.1）。

图6.1　城市景观场所精神表征POE评价的意义

6.1　POE评价相关阐释

　　POE评价是建成环境评价（BEE）的一种，主要涉及科学性评价、社会性评价
和经济评价，要将使用后评价（POE）理论运用到公共艺术介入后城市景观场所精
神的公众使用后评价中，首选需要理清评价、建成环境评价和使用后评价（POE）
的相关概念。

6.1.1 评价的内涵

"对评价的内涵理解是公共艺术POE评价理论体系建构的基础，从哲学层面来看，评价与价值具有密切的关系，是主体对客体的判断，它本质上是一种人们掌握世界意义的观念活动，是对特殊对象的特殊反映。"[1]

随着人类不断的进化，其智能水平逐渐提升，有力推动了人们认识和改造世界能力的逐步提高。美国南加州大学基尔福特教授（J. P. Guilford）在其"智能结构理论"中提出："人类的智能分为五大类，分别是记忆能力、认识能力、聚敛思考能力、扩散思考能力和评价思考能力五大类，评价思考能力是人类智能的最高思维活动，所谓评价是指个人或群体依据某种标准对事物做出的价值判断和取舍。"[2]

在评价领域，国内的学者普遍认为评价具有四个方面的特点："1）具有主观性，它是评价主体对客体价值事实的主观反映；2）评价所反映的内容客体对主体的意义和主体对客体的价值需求，而非客体本身；3）评价的过程必须按照一定的评价标准，这些标准反映出主体的需求；4）评价结果具有描述和认知双重意义，服务于主体的时下选择和行为方向。"[3]

由此可以得出，评价是主体和客体之间意义及价值关系的主观判断，在一定层面上，公共艺术介入后的城市景观场所精神表征POE评价是研究公共艺术介入的价值和意义，其目的是通过获取并满足人们的感知需求，实现更高意义上的城市景观的人文关怀。

6.1.2 建成环境评价

"建成环境评价理论（Build Environment Evaluation，简称BEE）是主体对建成环境与主体需要间的价值关系的评价判断，它研究的是建成环境与主体需要之间的关系。"[4]建成环境的评价是运用某种评价方法，通过对所创作的环境场中各项评价因子的分析和评判，得出其在环境质量和主体需求等层面的价值结果，从而为环境的设计、维护管理以及改进提升提供支撑。目前与建成环境评价有关的评价研究主要有人居环境评价、建筑环境评价两大类，其中"人居环境评价是吴良镛先生所

① 叶文虎，栾胜基著.环境质量评价学[M].北京：高等教育出版社，1994.
② 陈宇.城市景观的视觉评价[M].南京：东南大学出版社，2006.
③ 邓慧.城市滨水景观质量评估方法研究[D].无锡：江南大学，2007.
④ 汤晓敏.景观视觉环境评价的理论[D].上海：复旦大学，2006.

积极倡导和进行的人居环境科学下的一个子系统，是'建筑——城市——地景'三大体系的综合。"①此类评价主要是对环境质量所进行的物质层面的评价，其重点落脚在人居环境的可持续性评价，可持续性也是本书所选取的重要评价标准之一。该评价理论自20世纪60年代在西方形成以来，不断得以完善和推广，广泛应该用于风景园林学、建筑学等领域。建成环境评价主要应用于设计前期评价（Pre-design Evaluation）和使用后评价（Post Occupancy Evaluation，简称POE）。

6.1.3　POE评价的含义

POE评价始于20世纪60年代初欧美国家的心理学领域，是随着环境心理学及环境行为学等学科的发展而展开的对建成环境进行评价的评价方式之一。"C.M.Zimiring对POE评价的定义是：POE评价是人们对建成环境的使用感受及设计的使用效果的检验。1988年，美国Friedman等人在其著作《使用后评价》中定义：POE评价是一个度的评价，衡量建成后环境如何支持和满足人们明确表达或暗示的需求。Preiser认为POE评价的重点在于使用者及其需求，他通过对以往的设计决策以及设施的运行情况进行调查和分析，并提出相应的结论，为将来设计提供支持和指导。"②

目前，POE评价作为建成环境状况评价的一个重要环节，通过运用社会学和统计学的调研方法评价建成环境，在反馈建成环境质量的同时，为后期的项目决策提供理论和实践依据，现已在建成环境使用后评价领域作为一种范式而进行推广和应用，具体表现在：

1）研究范围的扩大。POE评价不断受到学术界的广泛关注，POE评价的研究对象已从最初的建筑设计逐渐扩展到了景观设计、室内设计、工业设计等各大领域。

2）评价因子和模型构建的完善与成熟。对于其评价因子的研究也从使用者的心理及生理需求层面扩展到社会文化、经济、科技等各个层面。国外POE评价已经相当成熟，尤其是在物理环境评价和行为心理评价两个领域形成了系统化的评价体系，构建起科学的POE评价模型，并逐步推广至建筑及环境的生命周期评价中。

3）评价的客观性不断提高。评价往往是在评价主体的主观意识作用下进行的行为活动，带有很强的主观性，在当今的评价领域逐步引入社会学、管理学、统计学等相关研究和分析方法，数据的收集方式、分析技术和方法等阶段的科学性和客观性得到了很大的提高。

---

① 林玲.人员密集公共建筑安全分级评价初探[D].重庆：重庆大学，2005.
② 朱小雷.建成环境主观评价方法研究[M].南京：东南大学出版社，2005.

4）作为第三方的POE评价服务机构开始成立。在国外的各行各业中大都设立有作为第三方的POE评价服务机构，例如在建筑学和风景园林学领域的POE评价服务机构专门负责公共构筑物及公共环境的POE评价。这些评价机构不断创新和发展POE评价的技术和方法，建立起专门的POE评价数据库。

6.1.4 POE评价的思想根源

"POE（使用后评价）根源于控制论，控制论是20世纪继相对论、量子力学之后的又一重大科学研究成果，着眼于信息方面研究系统的行为方式，其中对于反馈研究思维的研究是比较突出，从而进一步推动了系统研究的发展。"[1] POE正是在这一思维影响下逐步发展起来的。科学的公共艺术介入策略是对城市景观场所精神的相关信息进行处理的过程，引入评价实现对信息处理能力的客观反馈，能够有效检验其对于城市景观场所精神的表征力。

6.2 公共艺术介入后的城市景观场所精神表征POE评价释义

6.2.1 含义

在城市人文关怀提升视野下，公共艺术介入后的城市景观场所精神表征POE评价作为检验公共艺术介入城市景观场所精神表征效果的重要组成部分，应积极纳入POE的评价范围，有效提升公共艺术介入当今城市景观场所精神表征的价值和意义。"当今POE评价主要包括综合性评价和焦点性评价两大类，其中综合性评价的内容包括：满意度评价、环境质量评价、舒适度评价、环境美学评价等等；焦点评价包括使用方式评价、拥挤状况评价、使用状况评价、物理性能评价、可识别性评价等等。"[2] 本书是针对公共艺术介入后的城市景观场所精神表征的POE评价，因此主要从综合评价内容中满意度评价角度进行评价。

目前在学术界对于满意度评价的具体概念尚无定论，有的认为是公众对于客观事物品质的满意度衡量，有的认为是主体需求与客观供给二者之间的平衡度。笔者认为使用者的需求满足度是评价的关键，既有物质层面的需求满足，也包括精神需

① 黄河.基于设计反馈评价的新农村居住环境建筑策划项目研究[D].武汉：华中科技大学，2011.

② 邵素丽.西安休闲性城市广场空间使用后评价（POE）研究[D].西安：西安建筑科技大学，2011.

求的满足。公共艺术介入后的城市景观场所精神表征满意度的评价因子主要是依据场所精神理论中对定向感和认同感的阐述，借助环境心理学和社会心理学的相关研究理论，以调查问卷的形式，定性和定量评价相结合，按照公众对城市景观场所精神表征的诉求，着重对审美感、生态感、体验感、交互感和归属感等方面进行公众满意度评价。

公共艺术介入后的城市景观场所精神表征POE评价应是隶属于西方建成环境评价体系中的重要内容，将此体系作为当今城市景观研究中的一个重要环节，目的是对城市景观场所精神表征的公共艺术介入策略进行衡量和反馈，对待建和已建项目进行约束和指导。"评价的目的就是为了决策，而决策需要评价才能做出，从某种意义上讲，没有评价就没有决策。"[①] 因此，只有通过评价才能够有效检验城市景观场所精神表征策略的应用效应，并不断提高城市景观场所精神表征的质量与水平。

综上所述，本书所提出的公共艺术介入后的城市景观场所精神表征POE评价，其定义是：在公共艺术介入后，利用科学系统的方法收集城市景观环境场所精神表征中的使用者的主观判断信息，以使用者的价值取向为评价依据，从城市景观场所精神表征的物质、行为和社会层面的价值进行检验和判断，为城市景观场所精神表征水平以及相关策略应用提供客观的反馈依据。该评价是站在使用者的角度，在使用者对公共艺术介入后的城市景观使用一段时间后，根据场所精神表征的评价因子进行系统的数据收集、分析研究，并运用科学的评价方法和程序，对其进行场所精神表征层面的评价。它的重点体现在对使用者需求的关注，探求人的真正需求，并为将来的城市景观中的场所精神表征提供依据。

6.2.2 内在制约因素分析

公共艺术介入后的城市景观场所精神表征POE评价作为一种认知活动，与评价主体的社会背景、知识水平以及对场所精神的体验和情感等心理和行为因素有关，所以对其评价需注重主体需要及制约因素的考察，既要考虑个体人的需要，又要考虑社会人的需要，同时受到景观环境状况和时代观念的影响。

"不同评价主体对城市景观场所精神表征的价值追求目标不同，西方的学者称之为'文化差异'"，[②] 主体的心理和社会需求层面价值观的呈现形式见表6.1。

---

① 杜栋等.现代综合评价方法与案例精选[M].北京：清华大学出版社，2008.
② David Kernohan. User Participation In Building Design And Management：A Generic Approach To Building Evaluation.-Oxford，OX[J]. Butterworth Architecture，1992，16（3）：46-47.

不同评价主体及其价值目标追求　　　　　　　　　　表 6.1

评价主体	价值目标
使用者	生存和发展的需求，个人利益最大化
开发者	以市场为主导，追求最大的经济利益
设计者	协调各方关系，最大限度地满足各方需求
政府部门	追求社会、经济、文化、生态等综合效益

　　从项目建设的本体意义上来讲，许多专家和学者认为使用者是公共艺术介入城市景观场所精神表征的最终服务对象，同时也是最终的决定者，因此，从使用者的角度去评价意义重大，有助于达到城市场所精神表征与所在景观场所中的公众在审美、生态、体验、交互、归属等层面的协调一致。

　　综上分析可以得出：使用者作为主体的需要和城市景观场所精神表征的价值取向是公共艺术介入城市景观场所精神表征 POE 评价的最根本的制约因素和研究内容。

6.2.3　评价的目的

　　本书引入 POE 评价旨在从城市人文关怀提升角度，对公共艺术介入城市景观场所精神表征的策略进行应用后的效果检验，形成科学的、客观的、系统的数据反馈。其研究任务是运用量化和质化相结合的方法，对公共艺术介入城市景观场所表征后的价值和实现度进行判断和衡量，最终提升城市景观场所精神表征水平，满足公众的实际需求，为营造出更加具有定向感和认同感的城市景观提供科学的理论指导和参考。其目的主要体现在：

　　1）探索在公共艺术介入后的城市景观场所精神表征 POE 评价方法的运用问题。

　　2）寻找公众的心理指标，为公共艺术介入城市景观场所精神表征策略提供反馈意见。

　　3）分析影响公共艺术介入城市景观场所精神表征的主要影响因素。

6.3　公共艺术介入后的城市景观场所精神表征 POE 评价的模式

　　公共艺术介入后的城市景观场所精神表征 POE 评价是通过使用者的感受和体验进行的使用后满意度衡量的社会活动，因此引入朱小雷博士的"结构—人文"多元复合式的评价模式，并根据本书中评价主体和客体的特质，将风景园林学与艺术学相关评价模式有机结合，构成公共艺术介入后的城市景观场所精神表征 POE 评价的衡量范式。主观评价的对象和目的决定了评价的任务，评价的任务之一就是对本书基于城市景观场所精神表征的公共艺术介入策略进行检验和反馈，从而证实策略应用的有效性，并为城市景观学术理论的研究提供重要参考，从根本上提升我国当今城市景观场所精神表征的价值和意义。本书以科学化作为POE评价的最高目标，基于使用者价值观的多元化，按照朱小雷博士所提出的"结构—人文"多元复合式的评价模式，以结构化的评价方法为主要研究途径，在此基础上引入人文主义的研究方法，将二者整合在一个统一的二元体系中。

通常情况下，运用单一的方法和一次性评价不能得到可靠的结论，往往需要运用多种方法，通过多种途径，进行多次评价，才能够最大限度地确保评价结果的正确性。朱小雷博士所提出的"结构—人文"多元复合式的评价模式已经非常成熟，本书尝试将该评价模式应用于公共艺术介入后的城市景观场所精神表征POE评价，理论参考模型如图6.2。

图6.2 POE评价的理想模型

该评价理论的基本思想是：在结构化方法与人文化方法之间存在连续的技术路线；从方法论层面上来看，该评价理论体系包含了经验实证的、系统的、结构的和人文的多元化方法论思想；从一般研究方法层面来看，既包含了定量的测量方法、统计分析、数理逻辑分析等，又包含了人文方法中的定性分析的方法；从资料收集的层面来看，既有适用于结构方法的定量研究的结构化问卷、访谈、观察法等方法，也有适用于人文化方法的定性研究的无结构访谈法和观察法等。"在具体评价技术路线层面上，既有结构化程度高的量化方法，也有人文化程度高的质化方法，同时还有介于两者之间的半结构方法。该评价理论模式将多元的评价统一于一个体系之中，通过复合互补的方式全方位地共同去解决同一个问题。"[①] 因此，"结构—人文"评价模式是一个以量化研究为中心的、多元复合式的研究框架。

公共艺术介入后的城市景观场所精神表征POE评价在研究方法上强调结构方法中的数理统计分析，也重视人文方法的定性人文描述；在数据资料的采集中，既使用定量研究的结构问卷、李克特量表法等，也使用开放式文件、观察法和访谈法等。通过对"结构—人文"评价模式的引入，保证评价结果的全面性、科学性和正确性。

---

① 朱小雷.建成环境主观评价方法研究[M].南京：东南大学出版社，2005.

6.4 公共艺术介入后的城市景观场所精神表征POE评价的测量及程序

6.4.1 评价的测量

"所谓评价测量，就是依一定的法则，将某种物体或现象所具有的属性或特征用数字或符号表示出来的过程。"[①]

目前常用的满意度主要有：调查问卷法、访谈法、量表法、观察法、照片分析法、行为地图法、行为痕迹法、层次分析法、模糊数学法等。

1）调查问卷法

调查问卷法是当前评价领域普遍运用的方法之一。首先要明确调查的目的，进而根据目的进行问卷问题的设计，通过公众的作答反馈，对收集到的数据进行统计分析，客观了解评价主体对评价客体的使用后满意度水平。问卷调查往往分为封闭式和开放式两种。封闭式问卷是指给出答案选项，由被调查者从给出的答案中进行选择的调查方式，具有快捷、方便、便于整合的优点，但会存在问题涉及不够全面的缺点；开放式问卷是指不设定任何的答案导向，被调查人根据自己的实际情况自由作答，其优点在于答案更具实际性、针对性和全面性，而缺点是意见比较散和泛，不利于整合。因此目前大多采用封闭式问卷和开放式问卷相结合的方式。

2）量表法

"李克特量表（Likert Scale）"是在1932年由美国著名社会心理学家李克特教授提出，是在心理测验、社会调查等领域经常使用的一种测量方法，可以实现对主观评价的数据表述。其基本方式是由一组对客观事物评价的陈述项目组成，回答采用统一的标准样式，从强到弱，按照几种顺序来作出相应的问题回答选择，例如可以分成五级量表的结构：是赞成到反对的五个级别的语意词，且按照正反态度的方向进行赋值，如正向态度非常合理5分，非常不合理为1分，则反向态度非常合理为1分，非常不合理为5分，将被试者在各个项目的得分相加便得到总分，这样可以比较客观地测量出评价主体的评价态度。为了更加精确地进行测量，可以进一步分为7级或9级强弱结构，由此构成7点或9点的量表，若按照9级量表来划分，正向态度的非常合理9分，合理7分，一般5分，不合理3分，非常不合理1分，8、6、4、2分为介于各个分级中间的值。与五级量表的划分相比，七级、九级量表的精确度更高。[②]

① 风笑天.社会学研究方法[M].北京：中国人民大学出版社，2009.
② 朱小雷.建成环境主观评价方法研究[M].南京：东南大学出版社，2005.

"较佳的李克特量表形式是赞成和不赞成的态度呈均匀分布。"[1] 项目只提示待评价的元素即可，对于项目的选择，原则上是要保持项目的一致性。

3）"层次分析法（Analytic Hierarchy Process，简称AHP）是将与决策相关的元素分解成目标层、准则层、方案层，是由美国著名运筹学家托马斯·萨提于20世纪70年代提出的一种定性和定量相结合的层次权重决策分析方法。AHP法的基本思路是评价者将复杂问题分解为若干相互关联、有序的层次，使各层次系统化、条理化，以便有效地分析和处理问题，通过对每一层次中两两元素的相对重要性给以定量的表示，并先在它们之间进行简单的比较、分析和判断，最后计算出所有相关元素的权重，其特点是将人们对于复杂系统的评价思维过程清晰化、数学化。"[2] 运用层次分析法确定权重的步骤如下：

（1）构建判断矩阵。以 A 表示目标，u_i、u_j(i，$j=1$，2，$\cdots$，n）表示因素。u_{ij} 表示 u_i 对 u_j 的相对重要性数值。并由 u_{ij} 组成 A-U 判断矩阵 P：

$$P=\begin{bmatrix} u_{11} & u_{12} & \cdots & u_{1n} \\ u_{21} & u_{22} & \cdots & u_{2n} \\ \vdots & \vdots & \vdots & \vdots \\ u_{n1} & u_{n2} & \cdots & u_{nn} \end{bmatrix}$$

（2）计算权重并进行重要性排序。根据所构建出的判断矩阵，进行对应的特征向量 w 的计算，方程为：

$$P_w = \lambda_{\max} \cdot w$$

对所求特征向量 w 进行统一化处理，即进行在各项评价指标中的权重分配，实现对所有评价指标的总排序。

（3）一致性检验。通过步骤二所计算的权重是否合理，还须进行一致性检验，检验所使用的公式是：

$$CR = CI/RI$$

式中，CR 为判断矩阵的随机一致性比率；CI 为判断矩阵的一般一致性指标。它由下式给出：

$$CI = \frac{\lambda_{\max} - n}{n-1}$$

RI 为判断矩阵的平均随机一致性指标，1～9阶的判断矩阵的 RI 值参见表6.2。

[1] Earl Bobbie.社会研究方法[M].邱泽奇译.北京：华夏出版社，2001.
[2] 张炳江.层次分析法及其应用案例[M].北京：电子工业出版社，2014.

RI值参照表　　　　　　　　　　　　　　　　　表6.2

n	1	2	3	4	5	6	7	8
RI	0	0	0.52	0.89	1.12	1.26	1.36	1.41

来源：朱小雷.建成环境主观评价方法研究[M].南京：东南大学出版社，2005.

当判断矩阵 P 的 $CR<0.1$ 时或 $\lambda_{max}=n$，$CI=0$ 时，认为 P 具有满意的一致性，否则需调整 P 中的元素以使其具有满意的一致性。[1]

4）模糊数学法

模糊数学法是指根据不同评价的需求构建相应的数学模型，首先对各项评级指标进行打分，然后赋予各项评价指标权重，最后通过建构的数学模型对各项评价指标的分值与权重进行结合，运用模糊综合评价运算的方法得出最终的结果，这一方法在各种评价中已得到广泛的应用。

本书中对公共艺术介入后的城市景观场所精神表征POE评价采用调查问卷法中的结构问卷和量表法，"结构问卷的指标测量采用的是李克特量表的方法，运用语义学将标度划分为5个测量结构等级：非常满意、满意、一般、不满意、非常不满意，分别赋值为5、4、3、2、1，每个选项的评价程度都是按照等级进行依次排列，这样更加有利于通过数理计算对满意度进行衡量。"[2]（表6.3）同时还用到层析分析法和模糊数学法进行最后综合分值的计算。

五级量表的测量评价标准　　　　　　　　　　　　表6.3

评语值 x_i	评语	定级
$x_i \leqslant 1.5$	非常不满意	E1
$1.5 < x_i \leqslant 2.5$	不满意	E2
$2.5 < x_i \leqslant 3.5$	一般	E3
$3.5 < x_i \leqslant 3.5$	满意	E4
$x_i > 3.5$	非常满意	E5

6.4.2　评价的程序

1）前期准备阶段

首先收集与研究对象相关的资料，如设计图、建成照片、概况等，进行初步的了解，进而明确评价对象、评价范围与评价内容，设计出合理的调查问卷，前往实

---

① 张炳江.层次分析法及其应用案例[M].北京：电子工业出版社，2014.

② 朱小雷.建成环境主观评价方法研究[M].南京：东南大学出版社，2005.

地进行问卷调研，做到客观真实地反映使用者的满意度情况。

2）实施阶段

前往实地进行调研，通过发放调查问卷，并与使用者进行沟通交流，获得直接、真实的相关数据资料，然后通过常用的量表法和数据统计图示的办法对数据进行整理。

3）评价过程

完成对所收集到的数据资料的分析，根据评价目的采用合适的评价方法，最终的评价结果可以得出深层次的结论，同时结论能够反映使用后的优缺点，结合结论给出提升合理化建议，并在后续的相关设计项目中推广（图6.3）。

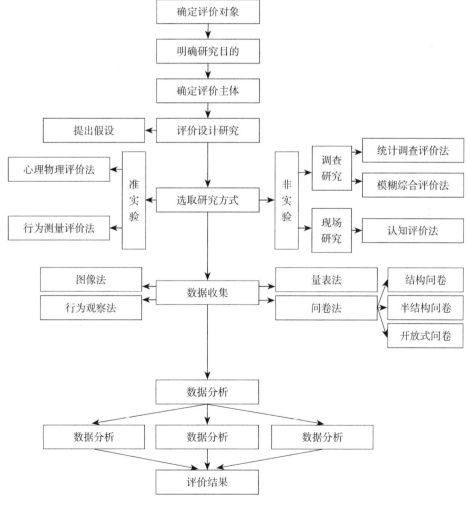

图6.3 POE评价的程序

6.5 公共艺术介入后的城市景观场所精神表征POE评价指标集构建

6.5.1 国外可借鉴的评价指标

评价是一项科学而又客观的判断实践活动，评价的结果与评价的指标密切相关，因此，公共艺术介入后的城市景观场所精神表征POE评价指标集的构建意义重大。目前，国内风景园林学和建筑学领域POE评价尚属于起步阶段，对于评价指标的研究相对还不够完善，在国外城市设计领域的评价指标已经非常成熟，纵观各国众多的评价指标中，其中以英国"城市设计小组"、大不列颠百科全书、旧金山城市设计计划、罗纳德·托马斯、美国城市系统研究和工程公司、凯文·林奇等提出的相关指标更具有代表性（表6.4）。

国外可借鉴的评价指标　　　　　　　　　　　　　　表6.4

名称	具体指标
英国城市设计小组对于好的城市设计的8项评价指标	1）创造场所Place；2）多样性Variety；3）连贯性Contextual；4）渐进性Incremental；5）人的尺度Human Scale；6）通达性Accessibility；7）易识别性Legibility；8）适应性Adaptability
大不列颠百科全书中城市设计的7项衡量指标	1）环境负荷；2）活动方面；3）环境特征；4）多样性；5）格局清晰；6）含义；7）开发
1970年所制定的旧金山城市设计计划的十大指标	"1）舒适Amenity；2）视觉趣味Visual Interest；3）活动Activity；4）清晰和便利Clarity and Convenience；5）独特性Character Distinctiveness；6）空间的确定性Defination of Space；7）视觉标准Principal of Views；8）多样性Varity；9）协调Harmony；10）尺度和格局Scale and Pattern。"①
罗纳德·托马斯（R.Thomas）提出的城市设计评价的6项指标	1）历史保护和城市更新；2）人的适居性；3）空间特征；4）土地综合利用；5）环境与文化的关系；6）建筑艺术和美学准则。
1977年美国城市系统研究和工程公司提出了城市设计评价的8项指标	"1）与环境适应Fit with Setting；2）可识别性的表达Expession of Identity；3）可达性和方位Access and Orientation；4）功能的支持Activity Support；5）视景Views；6）自然要素Natural Elements；7）视觉舒适Visual Comfort；8）维护和管理Maintenance and Care。"②
凯文·林奇在1981年提出5项"执行尺度"作为城市设计的评价指标	1）活力Vitality；2）感觉Sence；3）适合Fit；4）可达性Access；5）控制Control

以上的评价标准涉及城市设计的方方面面，由于从不同的角度切入其标准也不同，但是大多数标准都是从人的定向感和认同感层面提出的，与"场所精神"的特

---

① 任球.大连市新城区城市设计中的文化表达及评价[D].昆明：昆明理工大学，2013.

② 任球.大连市新城区城市设计中的文化表达及评价[D].昆明：昆明理工大学，2013.

征相接近，这对我国城市景观人文关怀城市景观场所精神表征POE评价指标的确立具有可借鉴意义。

6.5.2 公共艺术介入后的城市景观场所精神表征POE评价指标集的构建

公共艺术介入后的城市景观场所精神表征POE评价指标集的构建是一项严谨而又科学的工作，从我国国情出发，根据郭恩章教授提出的国内高质量城市公共空间10个特性，选取国外相关评价指标作为评价标准和依据，重点结合前面所建构的城市景观场所精神表征价值取向，从景观学和艺术学相结合的角度提出国内公共艺术介入后的城市景观场所精神表征POE评价指标集（表6.5）。

公共艺术介入后城市景观场所精神表征POE评价指标集（X）　　表6.5

一级指标	二级指标	评价标准
审美品质A	美观X1	愉悦性
	形式多样X2	多样性
	整体协调有序X3	和谐性
生态品质B	尊重自然X4	生态性
	尊重人文X5	
体验品质C	公众共创X6	社会性
	公众共享X7	
	趣味性X8	愉悦性
	交通通达性X9	通达性
	视觉通达性X10	
交互品质D	活动多元化X11	舒适性
	感官多维度X12	
	情感共鸣X13	愉悦性
	功能多样X14	多样性
	行为安全X15	安全性
	心理安全X16	
归属品质E	独特性X17	识别性
	辨识性X18	
	文化品位X19	文化性
	文化活力X20	

6.6 小结

本章节站在公众的角度进行了公共艺术介入后的城市景观场所精神表征POE评价的构建，旨在通过公众的使用后反馈对基于当今城市景观场所精神表征的公共艺术介入策略的应用效果进行验证，从而形成良好的检验机制，同时也能对当今城市景观场所精神表征起到积极的指导和约束作用。本书首先对POE评价的相关概念及公共艺术介入后的城市景观场所精神表征POE评价的释意进行了阐述；其次根据公共艺术介入后的城市景观场所精神表征POE评价的特殊性，确立了相应的评价的方法及评价程序；最后根据国内外相关研究成果，从我国国情和公众的感知需求出发，确立了5个一级指标和20个二级指标的评价因子集，为公共艺术介入后的城市景观场所精神表征POE评价的顺利开展奠定了基础。

7

结论与展望

7.1 结论

    城市景观是社会的政治经济环境以及人们的生活生存方式共同作用的产物，因此其形成和发展与这两个方面息息相关。自西方的工业革命以来，社会发生了重大的变革，传统园林的内容、形式、影响范围以及服务群体也发生了巨大的改变，景观实践活动的范围也初步扩大，并由此诞生了城市景观。伴随着社会的进一步发展，政治、经济和文化的演变又构建出新的城市格局，赋予城市景观新的历史使命。尤其是在当今全球一体化和高速城市化的双重背景影响下，城市规模不断扩张，城市风貌和结构也发生了根本的变化，新的环境认同危机由此开始在城市显现，城市景观建设的数量和规模有了显著的增长，定向感和归属感的塑造被忽视，造成了认同危机，引发了严重的人文关怀缺失问题，根据建筑现象学对认同危机的研究，得知主要原因是由于城市景观场所精神的缺失所造成的。因此，如何从公众的感知需求出发，通过有效的策略凸显或重塑城市景观的场所精神成为当今城市景观领域的重要研究课题，在学习和借鉴西方发达国家的成功经验中，许多学者和专家发现公共艺术在国外城市景观的场所精神营造中发挥着重要的价值。本书正是以尊重场地的原有条件为前提，以人的感知为立足点，从人文关怀提升视角，对当今城市景观场所精神表征的公共艺术介入策略进行系统性研究，最终从公共艺术介入当今城市景观场所精神表征的理性认知和合理应用两个方面形成了以下结论：

    1）基于人文关怀提升，公共艺术介入城市景观场所精神表征的理性认知

    首先，由于过去社会交流的局限性和建造技术的单一性，在很大程度上影响着东西方历史上景观创作实践中公共艺术介入的单纯性，即营造出地域特质明显且饱含人类特殊情感的场所精神。而当今随着全球一体化和城市化影响力的不断加强，

地域间的交流越来越频繁，建造技术也越来越多元化，于是引发了城市景观的趋同化现象蔓延，可以说当今城市景观中的环境认同危机是时代变迁和社会发展共同作用的结果。建筑现象学的场所精神理论，更加强调人们只有通过感知和体验才能将主客体有机地进行融合，所以公共艺术介入城市景观场所精神表征的内涵是通过公众对公共艺术及其所在环境的感知而形成的定向感和认同感。因此，介入城市景观中的公共艺术要顺应时代的发展，结合现代人的生活方式和地域文化特质来进行城市景观场所精神的表征。

其次，古人通过公共艺术表达出对自然的态度、自我的情感和理性追求，是对特定时期和特定地域范围内的景观场所精神的反映。而面对当今社会发展的多元化，公共艺术介入城市景观场所精神的表征维度也越来越复杂和广泛。在当今城市发展背景下，通过公共艺术在城市景观中的介入，有效协调地域文化的保护与传承、景观风貌的求同与存异、场地条件的复杂化、公众需求的多元化成为综合性的时代课题。因此，在公共艺术的介入中，我们必须理性认知当今城市景观场所精神被时代所赋予的表征维度。

最后，公共艺术介入当今城市景观的场所精神表征绝非对特定历史片段的简单再现和单纯满足特定人群的情感抒发，而是更加强调人的复杂感知过程，即：根据自己已有的认知结构和情感，对城市景观环境及其所介入的公共艺术进行观察体验和心理加工，并将自己的生存态度及理想诉求与之密切关联，进而在城市景观环境中形成定向感和认同感。因此，公共艺术是作为公众对城市景观场所精神的感知需求的满足者而存在。

2）基于人文关怀提升，公共艺术介入城市景观场所精神的合理应用

国内外对于场所精神理论的研究已经长达十几年之久，并随着社会的发展，进入更多的领域。在城市景观中认同危机肆意蔓延的今天，人们对于场所精神的营造已经达成了共识，同时也广泛认可公共艺术介入其中能够凸显地域特色和历史文化，但是对于公共艺术的介入策略却一直处于探究之中。

首先，在许多城市景观项目的场所精神表征中，公共艺术的介入成了形象工程的华丽包装和宣传载体，徒具玄妙而又高深的内涵，却没有在实际应用中体现。公共艺术介入城市景观场所精神表征的实际价值在于公众对其及所在环境的使用感知，不以使用者的感知和体验需求为目的而仅建立在某些利益群体或个体上的介入不能视为场所精神的表征。

其次，介入城市景观场所精神表征的公共艺术对于地域文脉和文化内涵的强调是值得认可的，但是一切片面的介入策略都需要反思。在当今的城市景观建设中，

有大量的公共艺术披着华丽主题的外衣，以入侵的方式进入城市景观中，吞噬了原有的场地肌理，埋没了场所中原有的情感、忽视了使用主体的感知需求，更以奇幻的造型生硬地矗立在景观环境中，侵蚀着环境的场所品质，场所精神也在这些没有意义的元素和符号中消亡。因此，运用公共艺术对城市景观的场所精神进行持久性的表征是有效解决当今城市景观认同危机的关键所在。

　　基于城市景观场所精神表征的公共艺术介入策略的构建是以公众的感知需求为基础，对城市景观场地资源进行合理的强调与重塑，让人们在体验和参与的感知过程中形成良好的定向感和认同感。这样介入城市景观中的公共艺术才能进行具有当代价值和意义的场所精神表征。基于当今城市景观场地的复杂性和公众感知需求的多元化，本书将基于城市景观场所精神表征的公共艺术介入策略归纳为"一核两式五维"模式，并构建起公共艺术介入后城市景观场所精神表征的POE评价机制，只有对介入策略的应用效能进行检测，才能肯定公共艺术介入特性城市景观场所精神表征的价值和意义。

7.2　展望

　　本书以源于建筑现象学的场所精神理论为主要理论支撑，以公共艺术的介入研究为主线，以POE评价为反馈，通过定性与定量研究的结合，形成更加完整的介入策略。但是受研究方法的限制，本书主要以定性的研究内容为主，定量部分的研究内容不足，在今后的研究中应借鉴相关数据研究和分析方法，对量化的内容进行深入研究，从而增强研究成果的科学性、客观性和说服力。

　　本书的研究过程中，采用了大量的中外优秀城市景观案例，它们在一定程度上都非常具有代表性，但是不能成为"范式"的标准化策略，尤其是在社会背景复杂化和公众需求多元化的今天，理应通过事前评价，客观发现场地认同感缺失的主要层面，从而选用有针对性的策略。因此，基于人文关怀提升，公共艺术介入前的城市景观场所精神表征评价也是以后有待研究的内容。

　　基于人文关怀提升，场所精神表征的公共艺术介入策略并非是一成不变的，随着时代的变迁，城市景观的场所精神表征维度将被赋予更多的内容，公众的感知需求也在逐渐发生变化。因此，基于人文关怀提升，城市景观场所精神表征的公共艺术介入策略也有待进行持续性研究。

人文关怀视角下公众对城市景观场所精神
表征需求调研问卷

指导语：

亲爱的朋友您好！基于城市人文关怀提升，我们正在进行公众对城市景观场所精神表征需求的问卷调查，以为我国城市景观的场所精神表征建设提供宝贵意见。城市景观的场所精神包括定向感和认同感，通过定向感的塑造，可以让公众知道身在何处；通过认同感的塑造，可以建立和增强公众对景观场所的归属。

问卷采取匿名的形式，请根据您的真实情况认真填写，在您认为适当的选项上直接划"√"，衷心感谢您的合作与参与！

1.您认为城市广场景观中的场所精神表征是否重要？（   ）

    A.非常重要   B.重要   C.可有可无

    D.不重要   E.非常不重要

2.您是否满意当今城市广场景观中的场所精神表征？（   ）

    A.非常满意   B.满意   C.一般

    D.不满意   E.非常不满意

3.您对城市景观广场的使用频率如何？（   ）

    A.经常   B.偶尔   C.从不

4.您在城市广场景观环境中的行为活动目的是（   ）。

    A.交流聊天   B.锻炼身体   C.闲逛

    D.休息   E.抄近路   F.其他

5.您认为城市广场景观中的使用人群有（   ）。

    A.学龄前儿童   B.中小学生   C.青年

D.中年　　　　　E.老年

6.您认为城市广场景观中的人文关怀环境特质是指（　　）。

　　A. 视野开阔　　　　　B.审美和生态体验感好　　C.尺度适宜

　　D.功能设施齐全　　E.能够引发共鸣　　　　　　F.其他

7.您最喜欢停留的城市广场景观环境位置是（　　）。

　　A.靠近休息座椅的区域　　　B.植物茂盛的区域　　C.有水的区域

　　D.设置公共艺术的区域　　　E.开阔的区域　　　　　F.其他

8.最能让您产生记忆的城市广场空间的特点是（　　）。

　　A.令人身心放松　　B.具有地域性差异　　　C.公共设施齐全

　　D.具有故事情节　　E.其他

9.您在城市广场景观中最希望享受的环境氛围是（　　）。

　　A.感官享受　　　　　B.文化熏陶　　　　　C.幽静的聊天

　　D.喧闹的娱乐及集会　E.生态休闲　　　　　F.其他

10.您理想中具有场所精神特质的城市广场景观是指（　　）。（可多选）

　　A.艺术审美　　B.生态环保　　C.情节体验　　D.简洁现代

　　E.新奇独特　　F.互动参与　　G.古色古香　　H.地方归属

　　I.其他

附件二

人文关怀视角下公共艺术介入城市景观场所精神 表征公众满意度评价问卷

指导语：

　　亲爱的朋友您好！基于城市人文关怀提升，我们正在进行公共艺术介入×××城市景观场所精神表征的满意度评估问卷调查，以为我国公共艺术介入城市景观场所精神策略的应用提供宝贵意见。问卷采取匿名的形式，我们设定的评价分值分为5个等级，1、2、3、4、5分别为非常不满意、不满意、一般、满意、非常满意，请根据您的真实情况直接划"√"，衷心感谢您的合作与参与！

序号	一级指标	二级指标	评价等级标准（5级）Xi				
			非常满意	满意	一般	不满意	非常不满意
01	审美品质A	美观X1					
		形式多样X2					
		整体协调有序X3					
02	生态品质B	尊重自然X4					
		尊重人文X5					
03	体验品质C	公众共创X6					
		公众共享X7					
		趣味性X8					
		交通通达性X9					
		视觉通达性X10					
04	交互品质D	活动多元化X11					
		感官多维度X12					
		情感共鸣X13					
		功能多样X14					

序号	一级指标	二级指标	评价等级标准（5级）Xi				
			非常满意	满意	一般	不满意	非常不满意
04	交互品质D	行为安全X15					
		心理安全X16					
05	归属品质E	独特性X17					
		辨识性X18					
		文化品位X19					
		文化活力X20					

人文关怀视角下公共艺术介入城市景观场所精神
表征POE评价指标权重确定的专家问卷

城市景观场所精神表征POE评价调查表

尊敬的专家：

您好！此问卷旨在××××，请根据您的经验，按重要程度对所列指标进行评分，本项调查的结果将作为确定评价指标权重的主要依据。请各位专家针对各指标采取9度法打分。感谢您的支持！

评分说明：本表采取1~9打分模式，1分表示此项优势（或重要性）最差，9分则最强。

专家名 _____   工作单位 _____

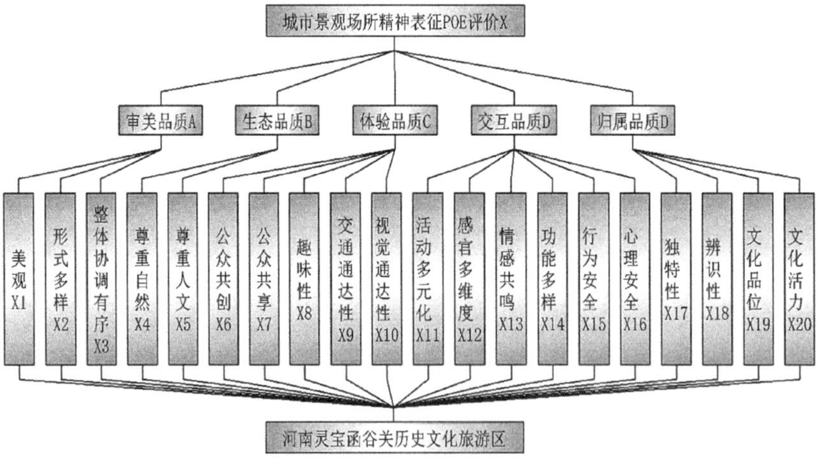

城市景观场所精神表征POE评价X 层次结构图

城市景观场所精神表征POE评价X										
	1分	2分	3分	4分	5分	6分	7分	8分	9分	其他分
审美品质A	☐	☐	☐	☐	☐	☐	☐	☐	☐	☐
生态品质B	☐	☐	☐	☐	☐	☐	☐	☐	☐	☐

续表

体验品质C	☐	☐	☐	☐	☐	☐	☐	☐	☐	☐
交互品质D	☐	☐	☐	☐	☐	☐	☐	☐	☐	☐
归属品质D	☐	☐	☐	☐	☐	☐	☐	☐	☐	☐
城市景观场所精神表征POE评价X——审美品质A										
	1分	2分	3分	4分	5分	6分	7分	8分	9分	其他分
美观X1	☐	☐	☐	☐	☐	☐	☐	☐	☐	☐
形式多样X2	☐	☐	☐	☐	☐	☐	☐	☐	☐	☐
整体协调有序X3	☐	☐	☐	☐	☐	☐	☐	☐	☐	☐
城市景观场所精神表征POE评价X——生态品质B										
	1分	2分	3分	4分	5分	6分	7分	8分	9分	其他分
尊重自然X4	☐	☐	☐	☐	☐	☐	☐	☐	☐	☐
尊重人文X5	☐	☐	☐	☐	☐	☐	☐	☐	☐	☐
城市景观场所精神表征POE评价X——体验品质C										
	1分	2分	3分	4分	5分	6分	7分	8分	9分	其他分
公众共创X6	☐	☐	☐	☐	☐	☐	☐	☐	☐	☐
公众共享X7	☐	☐	☐	☐	☐	☐	☐	☐	☐	☐
趣味性X8	☐	☐	☐	☐	☐	☐	☐	☐	☐	☐
交通通达性X9	☐	☐	☐	☐	☐	☐	☐	☐	☐	☐
视觉通达性X10	☐	☐	☐	☐	☐	☐	☐	☐	☐	☐
城市景观场所精神表征POE评价X——交互品质D										
	1分	2分	3分	4分	5分	6分	7分	8分	9分	其他分
活动多元化X11	☐	☐	☐	☐	☐	☐	☐	☐	☐	☐
感官多维度X12	☐	☐	☐	☐	☐	☐	☐	☐	☐	☐
情感共鸣X13	☐	☐	☐	☐	☐	☐	☐	☐	☐	☐
功能多样X14	☐	☐	☐	☐	☐	☐	☐	☐	☐	☐
行为安全X15	☐	☐	☐	☐	☐	☐	☐	☐	☐	☐
心理安全X16	☐	☐	☐	☐	☐	☐	☐	☐	☐	☐
城市景观场所精神表征POE评价X——归属品质D										
	1分	2分	3分	4分	5分	6分	7分	8分	9分	其他分
独特性X17	☐	☐	☐	☐	☐	☐	☐	☐	☐	☐
辨识性X18	☐	☐	☐	☐	☐	☐	☐	☐	☐	☐
文化品位X19	☐	☐	☐	☐	☐	☐	☐	☐	☐	☐
文化活力X20	☐	☐	☐	☐	☐	☐	☐	☐	☐	☐

谢谢！

参考文献

著作

《环境科学大辞典》编辑委员会.环境科学大辞典[M].北京：中国环境科学出版社，
　　1998.

蔡仪著.文学概述[M].北京：人民文学出版社，1981.

曹林娣.中国园林文化[M].北京：中国建筑工业出版社，2005.

陈宇.城市景观的视觉评价[M].南京：东南大学出版社，2006.

邓久平.谈故乡[M].北京：大众文艺出版社，2000.

杜栋等.现代综合评价方法与案例精选[M].北京：清华大学出版社，2008.

风笑天.社会学研究方法[M].北京：中国人民大学出版社，2009.

高觉敷.西方现代心理学史[M].北京：人民教育出版社，1982.

黄希庭.简明心理学词典[M].合肥：安徽人民出版社，2004.

金广君.图解城市设计[M].哈尔滨：黑龙江科学技术出版社，1999.

老子.道德经注[M].北京：中华书局，2011.

李昉.太平广记[M].北京：中华书局，2007.

李建盛.公共艺术与城市文化[M].北京：北京大学出版社，2012.

林玉莲，胡正凡.环境知觉的理论[M].北京：中国建筑工业出版社，2016.

林玉莲.环境心理学[M].北京：中国建筑工业出版社，2006.

刘先觉.现代建筑理论[M].北京：中国建筑工业出版社，2007.

马钦忠.公共艺术理论研究[M].北京：中国建筑工业出版社，2017.

秦启文，周永康著.形象学导论[M].北京：社会科学文献出版社，2004.

汝信，黄长等著.社会科学新词典[M].重庆：重庆出版社，1998.

沙克宁著.建筑现象学[M].北京：中国建筑工业出版社，2007.

司马迁.史记[M].西安：三秦出版社，2010.

孙振华.公共艺术[M].南京：江苏美术出版社，2003.

汤化译.晏子春秋[M].北京：中华书局，2015.

童寯.园论[M].天津：百花文艺出版社，2006.

王朝闻.美学概论[M].北京：人民出版社，1998.

王中.城市公共艺术概论[M].北京：北京大学出版社，2004.

翁剑青.城市公共艺术[M].南京：东南大学出版社，2013.

夏征农.辞海[M].上海：上海辞书出版社，2001.

杨茂川，何隽.人文关怀视野下的城市公共空间设计[M].北京：科学出版社，2018.

叶文虎，栾胜基著.环境质量评价学[M].北京：高等教育出版社，1994.

伊利尔·沙里宁.城市它的发展衰败与未来[M].北京：中国建筑工业出版社，1986.

殷京生.绿色城市[M].南京：东南大学出版社，2004.

张炳江.层次分析法及其应用案例[M].北京：电子工业出版社，2014.

张善文译.周易·系辞（下）[M].上海：上海古籍出版社，1989.

赵焕臣，许树柏，和金生.层次分析法[M].北京：科学出版社，1986.

赵岐.三辅故事[M].西安：三秦出版社，2016.

朱建宁.西方园林史：19世纪之前[M].北京：中国林业出版社，2018.

朱小雷.建成环境主观评价方法研究[M].南京：东南大学出版社，2005.

译著

C.亚历山大.建筑的永恒之道[M].赵冰译.北京：知识产权出版社，2001.

L.贝纳沃罗著.世界城市史[M].薛钟灵等译.北京：科学出版社，2000.

M.兰德曼著.哲学人类学[M].贵阳：贵州人民出版社，1998.

M.普鲁斯特.追忆似水年华[M].南京：译林出版社，2012.

艾尔·巴比.社会研究方法[M].邱泽奇译.北京：华夏出版社，2001.

安德烈亚斯·胡伊森.大界限之后：现代主义、大众文化、后现代主义[M].南京：
    南京大学出版社，2010.

安藤忠雄.建造属于自己的世界[M].北京：中信出版社，2018.

黛安娜·克兰.人类动机激发的文化概念和它的对于文化理论的重要性[M].南京：南
    京大学出版社，2006.

费·德·索绪尔.普通语言学教程[M].高名凯译.上海：商务印刷出版社，1980.

黑格尔.美学[M].台湾：商务印书馆，2018.

卡莫娜.城市设计的维度[M].冯江等译审.南京：江科学技术出版社，2005.

凯瑟琳·迪伊.景观建筑形式与纹理[M].周剑云等译.杭州：浙江科学技术出版社，
    2004.

凯文·林奇.城市形态[M].林庆怡等译.北京：华夏出版社，2001.

凯文·林奇.城市意象[M].北京：华夏出版社，2001.

凯文·林奇.总体设计[M].北京：中国建筑工业出版社，1991.

柯博格·布罗伊尔等.德国哲学家圆桌[M].北京：华夏出版社，2003.

兰德尔·柯林斯.互动仪式链[M].北京：商务印书馆，2009.

刘易斯·芒福德.城市发展史[M].上海：三联出版社，2018.

马克思.1844年经济学哲学手稿[M].北京：人民出版社，2017.

马克思.资本论[M].北京：人民出版社，2009.

迈克·克朗.文化地理学[M].南京：南京大学出版社，2005.

诺伯舒兹.场所特质：迈向建筑现象学[M].施植明译.北京：华中科技大学出版社，
    2010.

热尔曼·巴赞.艺术史[M].刘明毅译.上海：上海人民美术出版社，2017.

苏珊·格朗，刘大基等（译）.情感与形式[M].北京：中国社会科学出版社，1986.

托伯特·哈姆林.建筑形式美的原则[M].北京：中国建筑工业出版社，1982.

维特鲁威.建筑十书[M].北京：北京大学出版社，2017.

亚伯拉罕·马斯洛著.动机与人格[M].许金声译.北京：中国人民大学出版社，2007.

原研哉.设计中的设计[M].济南：山东人民出版社：2010.

约翰·O.西蒙滋，巴里·W.斯塔克.景观设计学：场地规划与设计手册[M].北京：中
    国建筑工业出版社，2009.

论文

邓慧.城市滨水景观质量评估方法研究[D].无锡：江南大学，2007.

邓文河.河内城市敏感区保护与恢复研究[D].南京：南京林业大学，2007.

董栋梁.纪念性空间场所精神表达的策略研究[D].重庆：重庆大学，2013.

高雨辰.城市文脉保护视野下的公共艺术设计研究[D].天津：天津大学，2015.

黄河.基于设计反馈评价的新农村居住环境建筑策划项目研究[D].武汉：华中科技
    大学，2011.

林玲.人员密集公共建筑安全分级评价初探[D].重庆：重庆大学，2005.

蔺宝钢.中国城市雕塑的评价体系研究[D].西安建筑科技大学，2012.

路红，舒畅.函谷关老子文化景区形态构成分析研究[D].西安：西安建筑科技大学，
    2015.

任球.大连市新城区城市设计中的文化表达及评价[D].昆明：昆明理工大学，2013.

邵素丽.西安休闲性城市广场空间使用后评价（POE）研究[D].西安：西安建筑科技
　　大学，2011.

汤晓敏.景观视觉环境评价的理论[D].上海：复旦大学，2006.

汤雅丽.地铁站域空间标识系统的地域性体系研究[D].西安：西安建筑科技大学，
　　2014.

汪峰.数字背景下的公共艺术及其交互设计研究[D].无锡：江南大学，2010.

谢纳.空间生产与文化表征：空间理论视域下的文学空间研究[D].沈阳：辽宁大学，
　　2015.

杨鑫.地域性景观设计理论研究[D].北京：北京林业大学，2009.

姚朋.现代风景园林场所特质的表征研究[D].北京：北京林业大学，2011.

阴玉洁.城市设计中的场所精神营造[D].太原：太原理工大学大学，2015.

于志渊.从现代角度看中国传统建筑手法[D].天津：天津大学，2003.

张琴.公共雕塑的植物配置研究[D].长沙：湖南农业大学，2011.

周秀梅.城市文化视角下的公共艺术整体性设计研究[D].武汉：武汉大学，2013.

期刊

陈宣林等.基于层次分析法的停电实验与不停电检测技术等效性分析[J].电力大数
　　据，2019，22（2）：65.

陈烨.城市景观的语境及研究溯源[J].中国园林，2009（8）：29.

程锡麟.叙事理论概述[J].外语研究，2002，73（3）：13.

东孝光，佟雪艳.都市景观的整治[J].城市规划，2000，23（10）：59.

费彦.现象学与场所特质[J].武汉城市建设学院学报，1999（16）：22-23.

高华平."言意之辩"与魏晋之学理论的新成就[J].华东师范大学学报（人文社科
　　版），2001，40（2）：72.

郭恩章.高质量城市公共空间的设计对策[J].建筑学报，1998（3）：11.

江晨.南京城市设计中的历史文化资源展示设计初探[J].南京艺术学院学报，2004
　　（2）：106.

李畅，杜春兰.明清巴渝"八景"的现象解读[J].中国园林，2014（5）：95.

刘家麟.中国风景园林的现状和发展前景[J].广东园林，2005，28（2）：4.

王更生.论后现代主义建筑[J].中国建筑装饰装修，2010（8）：175.

王向荣，任京燕.从工业废弃地道绿色公园：景观设计与工业废弃地的更新[J].中
　　国园林，2003（3）：13.

王云才.城市生态复兴[J].城市建筑，2018（33）：4.

王云才.风景园林的地方性：解读传统地域文化景观[J].建筑学报，2009（12）：94-95.

吴良镛.关于中国古建筑理论研究的几个问题[J].建筑学报，1999（4）：39.

张静赟.雕塑与环境空间的构成因素[J].艺术与科技，2007（12）：194.

赵蔚.城市公共空间的分层规划控制[J].现在城市研究，2001，90（4）：7.

钟俊.建筑现象学的初探[J].四川建筑，2009，29（1）：41.

朱文一.中国营造理念VS"零识别城市/建筑"[J].建筑学报，2003（1）：30.

会议论文、报告及其他

朱建宁.基于场地特征的景观设计[C]//第五届现代景观规划与营建学术论坛.会议
    论文集（2）.北京：中国建筑工业出版社，2016：36-37.

联合国世界环境与发展委员会，我们共同的未来[R].日本东京，1987.

汪大伟.地方重塑：公共艺术的价值[R].上海：上海市城市规划设计研究院，2014.

阮煜琳.中国城市景观时代来临 缺乏人文关怀成突出问题[EB].中国新闻网，2010-
    05-03.

OECD.中国城市化水平发展报告[EB].中文互联网数据研究资讯中心，2016-03-23.

刘瀚斌.城市公园不能缺少人文关怀[N].中国环境报，2018-04-03.

外文文献

Cf. The Powerty of Historicrism[J]. London Karl Popper，1961，42（3）：63.

David Kernohan.User Participation In Building Design And Management：A Generic
    Approach To Building Evaluation.-Oxford，OX[J]. Butterworth Architecture，
    1992，16（3）：46-47.

David Sesmon，Robert Mugerauer.Dwelling，Place and Environmen[J]. Towards a
    Phenomenology of Person and Word，1975，1（1）：6.

Lefebvre，H. The Production of space[M]. oxford：Blackwell press，1991.

Malcolm Miles. Public Art and Urban Futures.（J）Art，Space and City，2009，29（1）：41.

Sadier，B. Carlson，A（edt）.Environmental Aesthetics[J]. Western Geographical
    Series.1982，24（06）：39.

后 记

　　本书从选题构思到成稿历时七年之久，写作的过程倾注了蔺宝钢先生的悉心教导，先生带领笔者完成了二十余项纵横向科研课题，在研究过程中愈来愈发现本课题选题意义之重大，因此将以此作为持续性课题在今后的工作和学习中不断进行深入而细致的研究。同时，基于人文关怀提升，城市景观场所精神表征维度的不同和人们感知需求的差异，进行针对性的专题研究也是今后研究的方向和思路。

　　在本书的撰写过程中，笔者多次赴国内外重点城市进行现场调研和考察，以期能够全面了解本课题研究的国内外现状和发展趋势，把握研究对象的特质，不断充实本书内容。尽管如此，由于笔者才疏学浅且文笔拙钝，能力和视野有限，研究内容的广度和深度上仍存在问题，本书中的观点难免有不妥和疏漏之处，尚觉研究之浅薄，还有诸多内容需要后续的研究进行完善和补充，不足之处希望能够得到更多专家和同仁的批评指正。

致 谢

人生仿佛夜空中的流星，虽是那样的短暂，也毕竟有过辉煌。步入而立之年，博士学习让我再次有了追逐梦想的动力：拓宽知识，让自己的专业理论进一步提升，尽到为人师表的教师职责。这里，由衷感谢蔺宝钢先生收我为徒，让我能实现求学的梦想。十年磨一剑，深感写作过程的艰辛，犹如人生的一次历练，但也让我更加敬佩那些在学术研究上锲而不舍的巨人，能静下心来读阅其文、受享其思的我，感到从未有过的精神满足和充实。几年来，蔺宝钢先生为当今城市景观和公共艺术的发展和建设做出了突出贡献，带领我作为主要参与者共同完成20余项城市景观和公共艺术项目，用学术力量推动着社会的进步，同时也用社会实践引领了学术的研究方向。在具体实践过程中，我积累了第一线专业知识和理论，并深得先生治学方法之感染。先生慷慨解囊，资助我受教于美国北卡罗纳州立大学Billy Lee教授，先生还亲自带我前往国内外重点城市进行城市景观和公共艺术调研和学习。先生广阔的学术胸襟、勤勉的态度、独到的洞察分析力、孜孜不倦的指导和教诲，使得本书能够顺利完成。在此，深深感谢先生将宝贵的实践机会进修机会和国内外考察机会一并给予我，感谢先生以其学术经验倾授于我，在未来的研究工作中，我会加倍努力。

本书撰写过程中，得到了美国北卡罗纳州立大学Billy Lee教授、同济大学王云才教授、西北农林科技大学段渊古教授以及我校的刘晖教授、王军教授、杨豪中教授、李志民教授、岳邦瑞教授、董芦笛教授等的悉心指导，在此谨向诸位老师表示深深的敬意和衷心的感谢。

还要感谢《雕塑》杂志主编朱尚熹教授，天津美术学院景育民教授，华东师范大学马钦忠教授，以及西安建筑科技大学的张晓瑞老师、关伟峰老师、杨婉莹老师等，他们为本书提供了许多建设性意见。还要感谢孙静老师、杨铭同学、魏萍同学等，他们同我一起携手投入科研项目以及具体调研和数据分析工作中，并能够如期完成实践设计和评价任务。

最后感谢父母不远千里担负起家务工作，感谢妻子孟坤一直以来的理解、支持和悉心照顾，感谢女儿刘一辰给予的生活乐趣和精神慰藉，家人无怨的付出使我能够潜心写作……在这里让我由衷的感谢你们！